ゼロからよくわかる！

Arduinoで電子工作入門ガイド

［改訂2版］

登尾徳誠
noborio tokusei

Arduino IDE 2.0［対応］

技術評論社

注意事項

- 本書に記載された内容は、情報の提供のみを目的としています。したがって、本書を用いた運用は、必ずお客様自身の責任と判断によって行ってください。これらの情報の運用の結果について、技術評論社および著者はいかなる責任も負いません。
- 本書記載の情報は、特に断りのない限り、2023年3月現在のものを掲載しています。本文中で解説しているWebサイトなどの情報は、予告なく変更される場合があり、本書での説明とは画面図などがご利用時には変更されている可能性があります。
- 本書記載の情報は、特に断りのない限り、以下の環境で使用した場合のものです。

  Arduino IDE：2.0.3
  OS：Windows 11, macOS Monterey
- 本書に掲載されている接続図及び回路図、パーツは「Fritzing」（https://fritzing.org）により作成されています。これらは「CC By-SA」に基づき公開されています。
- 以上の注意事項をご承諾いただいた上で、本書をご利用願います。これらの注意事項をお読みいただかずに、お問い合わせいただいても、技術評論社および著者は対処できません。あらかじめ、ご承知おきください。
- 本文中に記載されているブランド名や製品名は、すべて関係各社の商標または登録商標です。

  なお、本文中に®マーク、©マーク、TMマークは明記しておりません。

はじめに

2014年の年末に、埼玉県越谷市越谷レイクタウンにコワーキングスペース「HaLake」をオープンし、それからすぐに、毎週小学生にプログラミングを教えるようになりました。

教室をはじめた当初から、電子工作をテーマの1つにしていて、ArduinoやM5Stack、独自開発したキットなどを題材に、色々な電子部品を扱ってきました。こうした教室を運営していることをきっかけにお声がけをいただき、本書が生まれました。

また2023年の改訂版では、後ほど詳しく見ていきますがArduino IDEというソフトウェアのメジャーアップデートに対応した内容になっています。作例としてもSlackというコミュニケーションツールとArduinoを組み合わせた方法などを追加し、一部の分かりにくかった点を補足しています。

本書では、教室での経験を活かして、できるだけわかりやすく、Arduinoを使った電子工作の取っ掛かりとして読みやすくなるような内容を心がけました。

実際に手を動かして何か面白そうなもの作りたい！ という最初のきっかけになればと思いますし、電子工作やプログラミングの世界に興味を持ってもらえれば幸いです。

本書の編集において技術評論社の石井智洋さんには大変お世話になりました。また、内容をレビューしてもらったHaLakeで働く河野明日旭さん、篠田拓美さん、關波直子さん本当にありがとう。執筆を支えてくれた妻と息子にも感謝。

2023年3月 登尾 徳誠

本書の使い方

- 最初から通して読むと、Arduinoや電子工作の知識が体系的に身に付きます。
- 章ごとに1つの作例を作るので、興味のある章だけ読むこともできます。
- 本書の内容を手順通りに行うと、基本を覚えながら作品を作ることができます。

たボタンに従った処理が行われることになります。

今回は、電子回路に赤外線を受信するセンサーを組み込みます。このセンサーが信号となる赤外線を受け取るとモーターが動きます。

赤外線センサーを使った回路を作ろう

赤外線受信を行う電子部品として**SPS-440-1**を使用します。まず表2のように配線し、SPS-440-1を**表4**のように追加してください。

なお、SPS-440-1には3本のピンが生えている側と、2本のピンが生えている側があります。ワイヤーを介してArduinoに接続するのは3本のピンの方で、それぞれ**＜GND＞**、**＜Vout＞**、**＜Vcc＞**という名前で呼ばれています。

表4 SPS-440-1の接続方法

片方の接続箇所	対応する接続箇所
Arduiinoの＜5V＞	SPS-440-1の＜Vcc＞
Arduiinoの＜11＞ピン	SPS-440-1の＜Vout＞
Arduiinoの＜GND＞	SPS-440-1の＜GND＞

図17 SPS-440-1のピン

GND
Vout
Vcc

図18 SPS-440-1を追加した接続図

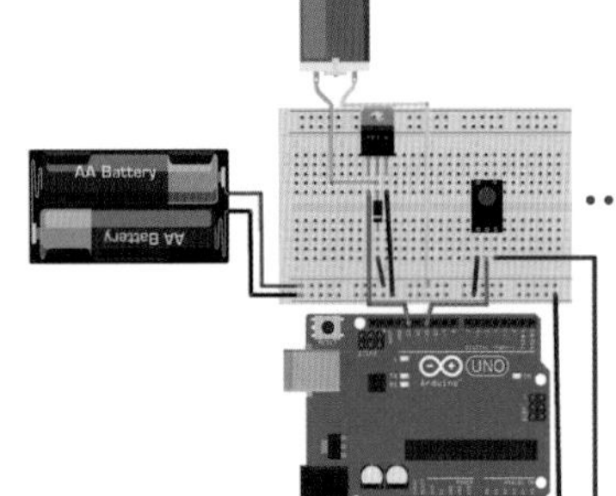

152

POINT 1

Arduinoを使うためのキーワードや重要な解説が一目でわかります。

POINT 2

電子部品の接続の仕方は見やすいイラストで解説。複雑な接続でもつまづきません。

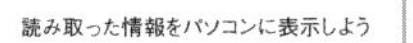

読み取った情報をパソコンに表示しよう　4-7

シリアル通信を行うスケッチを書こう

回路は 4-5 で使った回路から LED ランプを外して作ります（図 23）。明るさセンサーだけが Arduino とつながっている状態のままでかまいません。

回路の組み換えが完了したら、スケッチに取り掛かりましょう。

図23 明るさセンサーのみの接続図

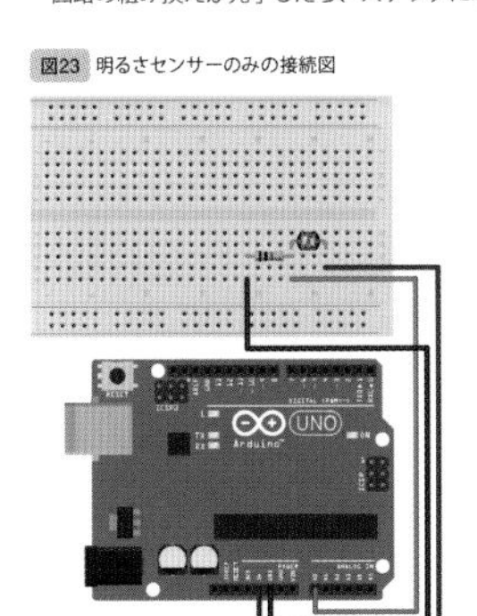

リスト6 シリアル通信を行う

```
void setup() {
  Serial.begin(115200); 1
}

void loop() {
  int val = analogRead(0);
  Serial.println(val); 2

  delay(100); 3
}
```

Chapter 4 高度な制御をしてみよう―アナログ入出力とシリアル通信を覚えよう

先ほどの明るさセンサーを使って LED ランプを制御するスケッチと比べ、大分すっきりしました。以下にコードの説明をします。

まず 1 では、**Serial.begin 関数**を使って、シリアル通信を行うときの速度を設定しています。この場合は Serial.begin 関数に 115200 という数字を渡しており、Arduino から通信する速度は 115200bps という単位でやり取りをすることを宣言しています。

Memo

Serial.begin 関数

書式：Serial.begin(< 設定したい bps>)

シリアル通信を行う際の速度を設定します。通信速度の単位は bps（「bit per second」の略。1 秒間に 1 ビットのデータを送ることができる通信速度が 1bps）です。なお、Arduino IDE の表記では baud ですが、本書では bps=baud として説明しています。

105

POINT 3

必要なプログラムはすべて掲載＆サンプルをダウンロード可能。内容も番号を振りながら詳しく解説します。

POINT 4

電子部品やプログラムなどの細かい補足はメモでしっかりフォローします。

●サンプルファイルのダウンロードについて

本書で使用するスケッチ（プログラム）のサンプルファイルは、下記の URL から入手することができます。ダウンロードしてご利用ください。

https://gihyo.jp/book/2023/978-4-297-13356-6/support

Contents

基本編

Chapter 2

スケッチの基本を知ろう

Chapter 3
電子回路を作ってみよう —デジタル入出力を覚えよう …… 57

Chapter 4

高度な制御をしてみよう —アナログ入出力とシリアル通信を覚えよう ……… 83

実践編

Chapter 5 人が近づくと光るイルミネーションを作ろう

Chapter 6

Chapter 7

Chapter 8

Appendix
Arduino Nanoを使ってみよう …………… 237

Chapter 1

電子工作と Arduinoの基礎知識

1-1

電子工作について知ろう

この本を手に取った方の多くは、電子工作で何か作ってみたいものがあるかと思います。しかし、一口に電子工作といっても色々なものが作れます。ここでは具体的に電子工作で何を作れるか、イメージを固めていきます。

電子工作とは？

そもそも電子工作とは何でしょうか。電子工作とは、文字通り**電気を使った工作と定義してもらっていいです。**電気を使うこというのは、つまり**電子部品を使った、あるいは組み合わせたものづくりのことです。**

このChapterでは、電子部品としてどういったものがあるのか、またどのように組み合わせていくのかということを中心に解説していきます。

図1 電子工作 = 電子部品を組み合わせた工作!

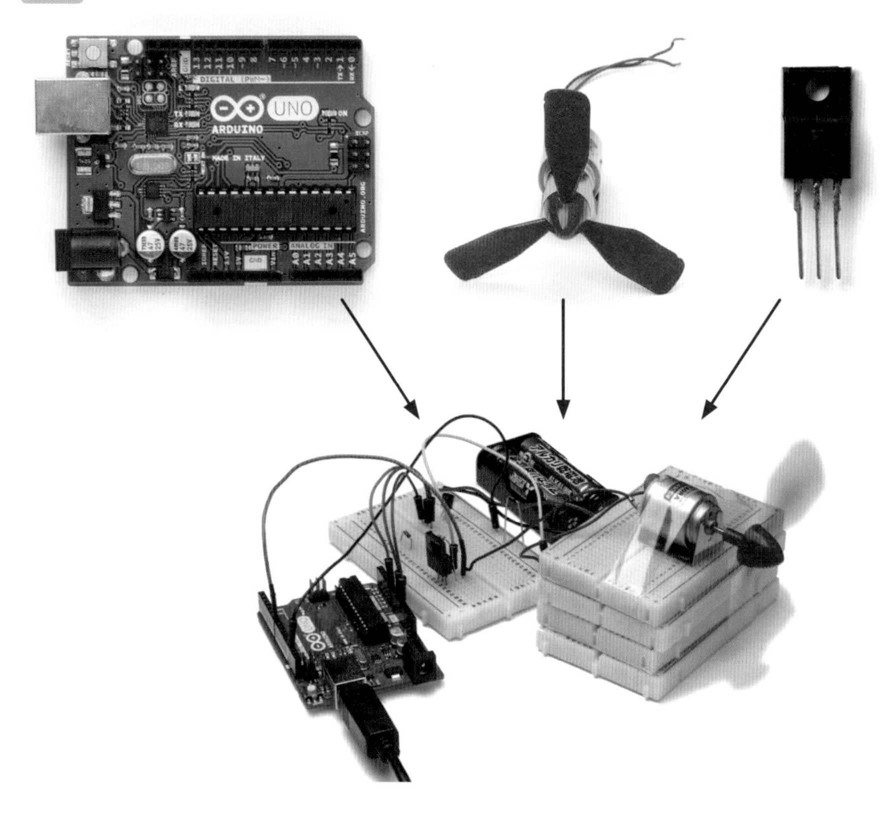

電子工作では何が作れる?

電子工作に欠かせないのが**電子部品**です。一口に電子部品と言っても、様々なパーツがありますが、この本の読者の皆様にまず覚えていただきたいのは **Arduino**（アルデュイーノと読みます）というマイコンです。

Arduinoとは何かについては後に詳しく説明しますが、この本ではArduinoに様々な電子部品を取り付けて電子工作を行います。取り付ける部品の種類を大別すると、**センサー**と**アクチュエータ**の2つに別れます。

センサー

明るさや圧力、温度や湿度などの情報を信号に変えて伝えてくれる電子部品です。例えば明るさセンサーであれば、どれくらい明るいのかを数字として読み取ることができます。圧力センサーであればどれくらい押されているのかを数字として読み取ることができます。外部の状況を電気信号に変換することができる電子部品と捉えてください。

図2 センサー

アクチュエータ

電気信号を物理的な動きに変換する電子部品を指します。代表的なアクチュエータとしてはモーターがあり、電気を使って物を回転させたり、その回転を利用して物を動かしたりできます。

図3 アクチュエータ

つまり電子工作では、**センサーを使って周りの状況を把握し、その情報をもとにアクチュエータを動かす**ということということができます。

それ以外にもLEDやディスプレイを使えば現在の情報を知らせることができます。また、センサーの情報をインターネット上に送るようにすれば、電子工作の枠を超えてIoT（インターネット・オブ・シングス）になります。

Memo

IoT

「Internet of Things」（「モノのインターネット」という意味）の略称。物がインターネットにつながる仕組みのこと。

電子工作に必要なもの

電子工作を行うために、目的に応じて様々な電子部品を扱います。

挙げればきりがありませんので、本書で扱う電子部品をざっとご紹介します。本書ではArduinoを中心にして、以下の電子部品を扱っていきます。

- LED
- スイッチ
- 明るさセンサー
- 人感センサー
- 圧電ブザー
- モーター
- 赤外線センサー
- 温度センサー
- LCD
- 音声合成LSI

これらの部品の役割や使い方は、使用するChapterでその都度説明をしていきます。

また、電子部品同士をつなげるために、一般的に**はんだ付け**を行います。はんだ付けとは、はんだごてを使い、はんだと呼ばれる合金を熱し溶かすことで部品をつなげる作業です。はんだ付けは本書のChapter 8で解説します。

はんだを使わないで電子部品をつなげる方法として、**ブレッドボード**と**ジャンパーワイヤー**もあります。本書では電子部品をつなげるためにこのブレッドボードとジャンパーワイヤーを使います。ブレッドボードとジャンパーワイヤーを利用すると、はんだ付けの必要がないため、気軽に電子部品をつなげたりやり直したりすることができます。はんだ付けをした場合でもやり直すことは可能ですが、ブレッドボードを利用した方が簡単です。ブレッドボードとジャンパワイヤーについてはChapter 2、Chapter 3で詳しく説明していきます。

図4 はんだごて

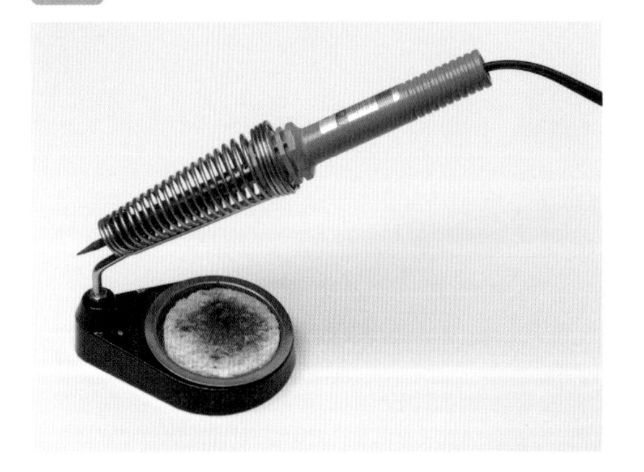

図5 ブレッドボードとジャンパーワイヤー

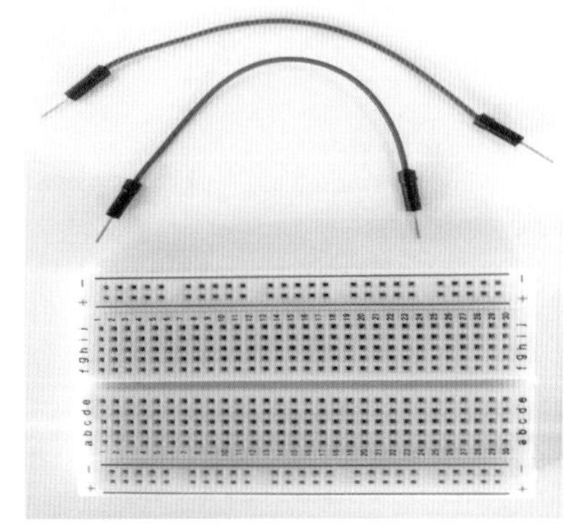

Arduinoについて知ろう

本書の主役であるArduinoについて、そもそもどういったものなのか、何ができるかなどを詳しく見ていきましょう。

Arduinoとは?

Arduinoは、ひとつの基盤上に電気信号を制御するための機能が備わった、AVRという種類のマイクロコンピュータ（マイコン）が乗っているボードです。ひとつの基盤上に初めからマイコンをはじめとした電子部品が付いていることから、**ワンボードマイコン**とも呼ばれます。USBケーブルを使ってパソコンと接続し、マイコンに対してプログラムを送り込むための環境が用意されているのがArduinoの特徴です。

もともとは2005年にイタリアではじまったArduinoのプロジェクトから端を発します。値段も安価で、試作品を作ることに向いています。

Arduinoには色々な種類が存在します。本書で扱うのは**Arduino Uno**（アルデュイーノ・ウーノ）という種類です。Arduino Uno以外にも、より高性能なArduino Dueや、小型化されたArduino Micro、Arduino Nanoなどがあります。

図6 Arduino Uno

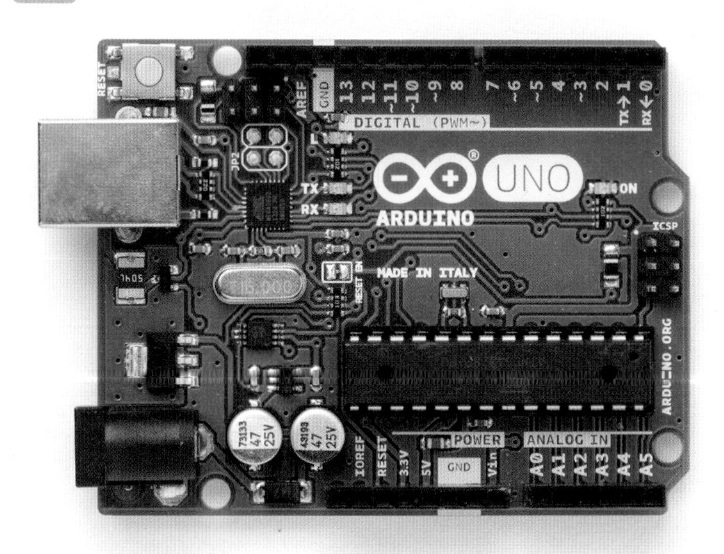

また、ちょっとわかりにくいのですが、Arduinoを使うといったとき、マイコンボードを利用するという意味以外にも複数の意味を指します。Arduinoにはワンボードマイコンだけではなく、**Arduino言語**というプログラミング言語も存在します。ArduinoはArduino言語によって制御されます。

また、**Arduino IDE**という開発用のソフトウェアも存在します。Arduino IDEでArduino言語を利用して、プログラムを記述します。

つまり、Arduinoを使うといったときには、ハードウェア（ワンボードマイコン）としてのArduinoと、プログラミング言語としてのArduino言語、開発を行うソフトウェアであるArduino IDEと分けて考えていく必要があります。今の時点では、Arduinoというハードウェアがあることを知っていただければ十分です。Arduino言語とArduino IDEに関してはChapter 2で解説します。

図7 Arduino IDEに記述されたArduino言語

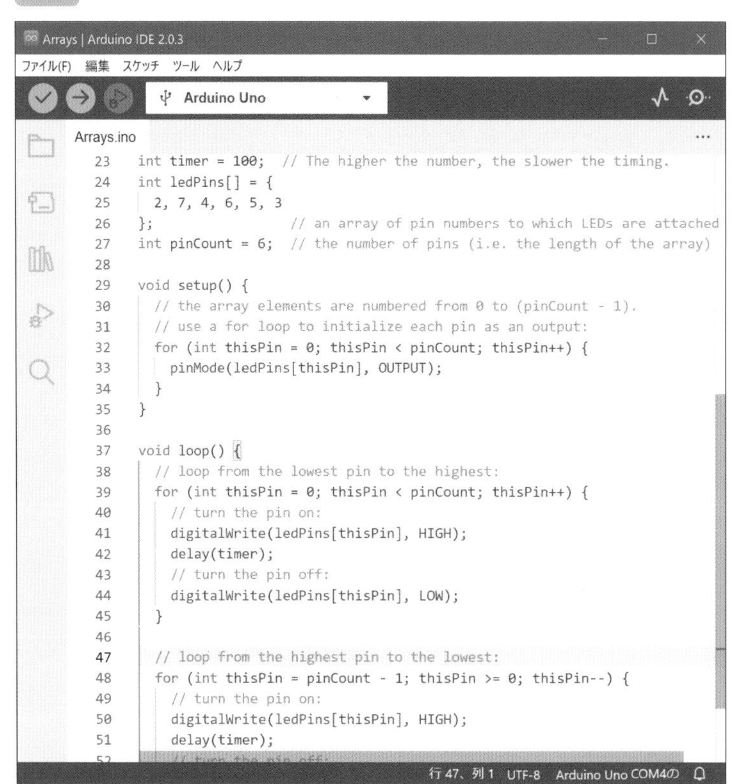

なお、本書ではArduino Unoを使って電子工作を行います。ですので、**本書中で「Arduino」とだけ書いてあるときには、Arduino Unoのことだと思って読んでください。**

Arduinoの種類

先ほどArduinoには様々な種類が存在すると説明しました。本書ではArduino Unoを扱いますが、他にどのようなArduinoの種類があるかを知っておきましょう。**どの種類のArduinoでもArduino言語で制御できますし、本書で扱うことの多くがArduino Uno以外のArduinoでも利用することができます。**電子工作の作品を作ろうとしたときに、小型化したいのか、性能が良いほうがよいかなど、様々なニーズがあると思います。そのニーズに答えてくれるArduinoの種類はどれなのか、あらかじめ知っておくと役に立つでしょう。以下に代表的なArduinoの種類をいくつかご紹介します。

1. Arduino Uno

電子工作用としてはスタンダードなArduinoです。日本で最も入手しやすく扱いやすいため、始めやすい特徴があります。ネットや書籍での情報も他の種類と比べるともっとも多いです。

図8 Arduino Uno

2. Arduino Due

載っているマイコンが32ビットARM COREというもので、他のArduionと比べると高性能になっています。利用できるピン（詳しくは次章以降で説明しますが、電子部品を取り付ける部分）の数も多く、できることの幅が広いのも特徴です。

図9 Arduino Due

3. Arduino Micro

小型のArduinoです。小さいサイズに収めたい時に向いています。小型のArduinoにはArduino Micro以外にも、Arduino Nanoが存在します。

図10 Arduino Micro

ここに挙げた以外の種類のArduinoが存在します。また、もともとのArudinoと互換性をもたせてある**Arduino互換機**も数多く存在します。

Memo　互換機

オリジナルの装置を独自のものに置き換えても同じプログラムが動いたり、ハードウェアとしても設計が似ておりオリジナルと同じように利用できる機械。例えばArduino Uno互換機と言ったとき、Arduino Unoで動いている仕組みをそっくり利用できることが多い。

互換機のひとつ「Pro Micro」

Arduinoでできること

次にArduinoでできることを具体的に見ていきましょう。Arduinoでは、例えば以下のことができます。

- モーターなどを取り付けて何かを走らせたり動かしたりする
- LEDを取り付けて明るくしたり、暗くさせる。あるいはフルカラーLEDを取り付けて赤や青、緑などさざまな色に変化させる
- スピーカーを取り付けて、言葉を話したり、音楽を鳴らす
- 明るさセンサーや、圧力センサーなどのセンサーを取り付けて、そのセンサーの値を表示する

これらはすべて、Arduinoの基盤から出ている**ピン**に電子部品を取り付け、Arduinoに乗っているマイコンをプログラミングすることで実現できます。

また、**シールド**と呼ばれる電子部品のセットを取り付けることで、Arduinoの持っている機能を拡張することができます。例えば、イーサネットシールドをArduinoに取り付けると、LANケーブルを通してインターネットとつながる装置を作ることができます。

図11 センサーが読み取った値を表示する

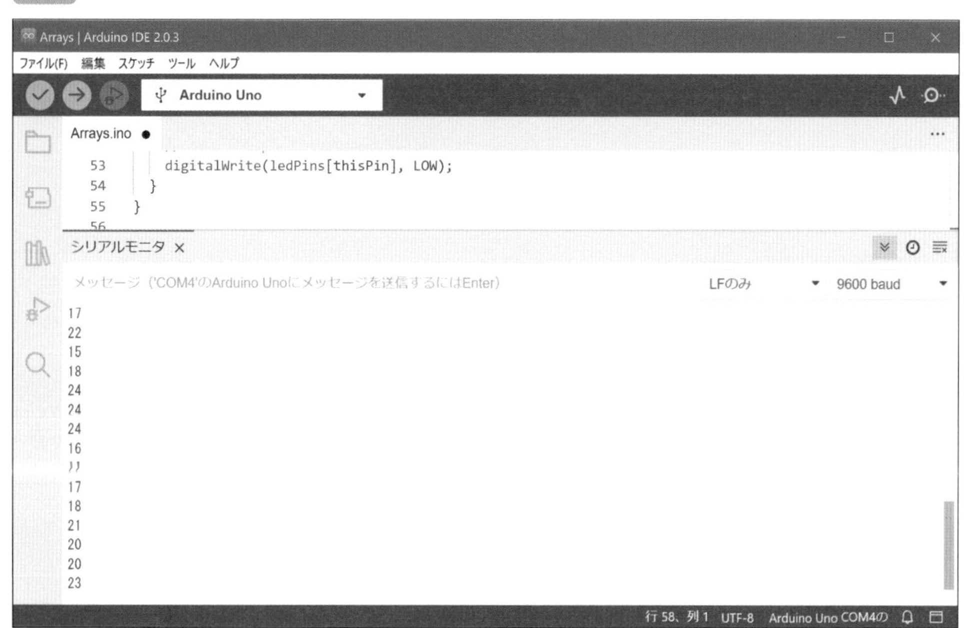

1-3

Arduinoを入手しよう

Arduino の購入方法について説明します。Arduino にはいくつか種類がありますが、本書では Arduino Uno を扱います。

Arduinoを購入しよう

Arduino は、秋葉原にあるような電子部品専門店で購入することができます。また、インターネットで購入することもできます。Arduino を扱っている代表的なサイトには以下のものがあります。

- 秋月電子通商
  https://akizukidenshi.com/
- スイッチサイエンス
  https://www.switch-science.com/
- 千石電商
  https://www.sengoku.co.jp/

図12 秋月電子通商のWebサイト画面

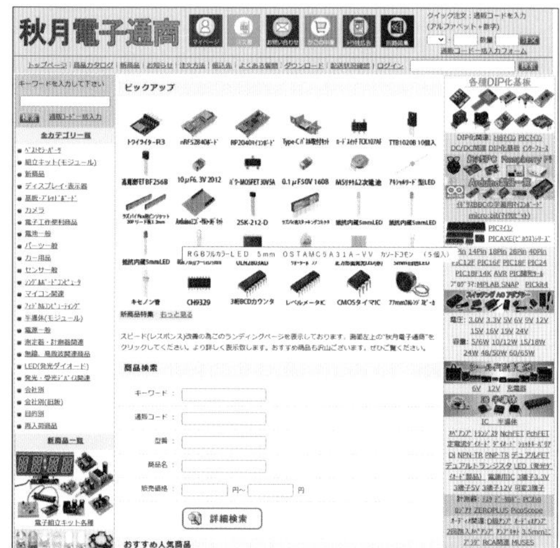

前述の通り、Arduino は複数の種類が存在します。例えば、秋月電子通商さんの Web ページでは、Arduino Uno 以外の Arduino も多く売られており、前の Section で紹介しました Arduino Nano や Arduino Micro なども購入できます。購入の際は、**本書で取り扱うのは Arduino Uno になります。購入の際には、Arduino Uno を選ぶようにしてください。**

また、本書では Arduino と組み合わせて様々な電子部品を扱います。自分が作りたいものに使用する部品を Arduino 本体と一緒に購入したほうが、パーツが揃った状態でスタートできます。各 Chapter の冒頭には使用する電子部品をまとめているので、購入の際は参考にしてみてください。

Arduinoの構造を知ろう

ここでは実際の Arduino の写真をもとに、Arduino がどのような構造になっているのかを解説します。実物が手元にあれば手に取って見比べてみましょう。

Arduinoの各部位の役割を理解しよう

Arudino の構造を見ていきましょう。上から見ると以下のような構造になっています。

図13 上から見たArduino

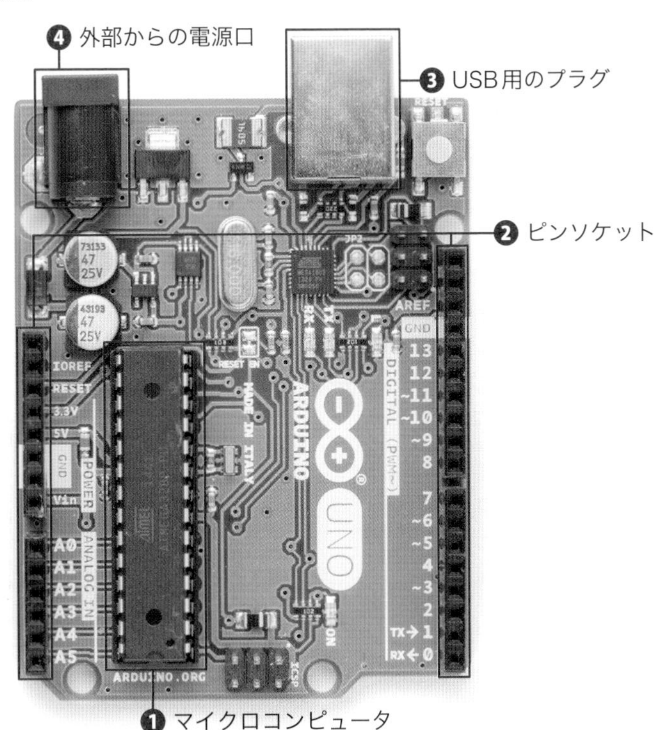

❶マイクロコンピュータ

基板上の**マイクロコンピュータ**（略してマイコン）は重要なパーツで、人間でいうところの頭脳にあたります。このマイクロコンピュータには命令の集まりである**プログラム**（Arduino では**スケッチ**と言います）を保存して、その内容の通りに動作させる役割があります。

❷ピンソケット

基盤の右端と左端には**ピンソケット**があります。ピンソケットには 32 個の穴が空いており、ここに様々な電子部品の線をつなぎます。そうすることで、センサーからの情報を読み取ったり、モーターを動かしたり、LED ランプを光らせたりということができます。

❸USB用プラグ

USB 用のプラグは、パソコンと Arduino を接続するほか、電源を Arduino に供給するために利用します。パソコンからプログラムを送り込むほか、Arduino とパソコン間でやり取りを行う（例えば Arduino で読み取った温度の情報をパソコンに通知するなど）**シリアル通信**でも利用できます。

❹外部からの電源口

外部からの電源口にはアダプターを刺して、Arduino を動作するための電源を供給することができます。ただし、USB 用のプラグからでも電源は供給できるため、この電源口を必ず使う必要はありません。

Memo　ピンソケットの番号

Arduino Uno の場合、ピンソケットのピンは 32 個あります。ピンにはそれぞれに役割がありますが、本書で解説する特に重要な役割のピンは＜ 5V ＞、＜ GND ＞、そして 0 ～ 13、A0 ～ A5 の数字が振られた GPIO の各ピンです。GPIO の役割については 48 ページで解説します。

Memo　5V と GND

Arduino のピンには＜ 5V ＞と書かれているピンと、＜ GND ＞という書かれているピンがあります。＜ 5V ＞は電気が流れるピンであり、5V の電圧がかかることを表しています（電圧については Capter 3 で解説します）。
＜ 5V ＞が電気の入り口にあたるプラスのピンだとしたら、反対にマイナスのピンもあります。それが＜ GND ＞です。「グランド」と読み、電気の流れの出口にあたります。Arduino Uno には、＜ GND ＞が 3 つありますが、どれも同じものです。
＜ 5V ＞も＜ GND ＞も本書内の様々な箇所で出てきます。その役割を覚えておきましょう。

Arduinoを制御する プログラムを知ろう

Arduinoで電子工作を行うには電子部品などのハードウェアだけでなく、それらを制御するプログラムが必要になります。このArduinoを制御するプログラムは「スケッチ」と呼ばれます。

スケッチとは?

電子工作をやっていくにあたって、Arduinoに電子部品を取り付けるのですが、取り付けるだけでは電子部品は機能してくれません。電子部品を機能させるには、**スケッチ**と呼ばれるプログラムのコードを書いていく必要があります。電子工作をハードウェアとソフトウェアに分けたときに、Arduinoに電子部品をつなぐところまでがハードウェアにあたります。一方、マイコンからの司令を出す部分がソフトウェアであり、それがスケッチということになります。

図14 スケッチを書いている画面

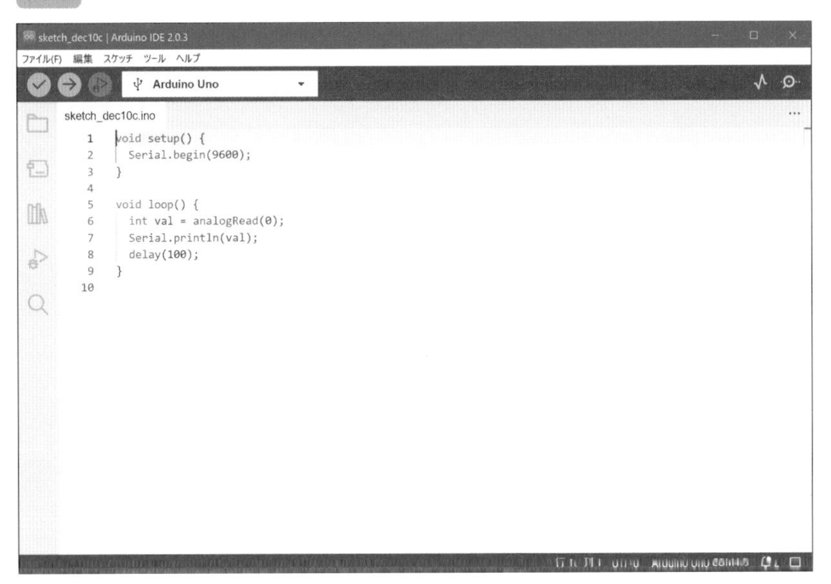

スケッチとはどういったものでしょうか。例えば、LEDを1秒ごとに点滅させたいとします。その場合、ArduinoとLEDランプをつないだ上で、以下のような内容のスケッチを書く必要があります。

❶LED ランプに電気を流す
❷1 秒待つ
❸LED ランプに電気を流すのをやめる
❹1 秒待つ
❺❶に戻る

この流れを行うため、スケッチというプログラムを書く必要があるわけです。もしもこれが、ただ LED を光らせっぱなしにしたいということでしたら、スケッチを書く必要はありません。そもそも、Arduino 自体も必要ではありません。乾電池などを使って、ずっと電気が LED に流れるようにしておけば OK だからです。

LED を点滅させるスケッチはシンプルです。しかし、周囲が暗くなってきたら LED を点灯させたり、現在の気温をインターネットに通知したりといった仕組みを作ろうとすると、それぞれに必要な回路を組んだ上で、より複雑なスケッチを書くことになります。

図15 LEDランプを1秒ごとに点滅させるスケッチ

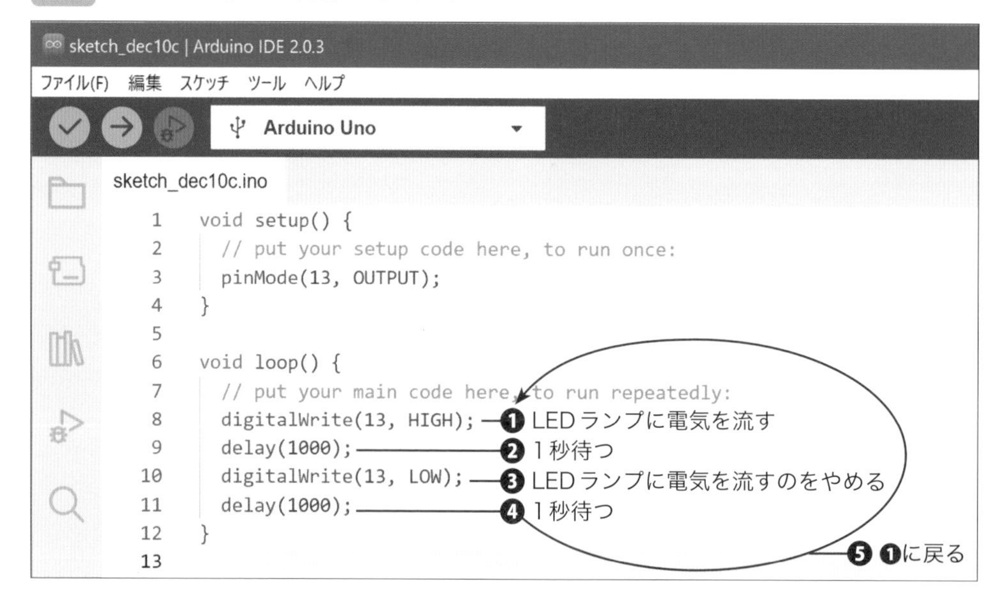

Memo **LED ランプを点滅させる**

LED ランプの点滅は Chapter 2 で行います。具体的なスケッチの書き方はそちらを参照してください。

Arduino IDEを準備しよう

スケッチの作成には Arduino IDE が欠かせません。ここでは Windows と Mac で Arduino IDE を準備する手順をそれぞれ解説します。

Arduino IDEをインストールしよう

スケッチを書いて、Arduino に転送する（正確には、Arduino にあるマイコンへ転送する）ためのソフトウェアとして、**Arduino IDE** が用意されています。

Arduino を利用するには、まず Arduino IDE をパソコンへインストールして、開発の準備を整えましょう。

Chapter 2 以降では、Arduino IDE について具体的な操作方法を説明していきます。ここではまず、パソコンへのインストールを行うところまでの解説します。Windows 版と Mac 版で分けて解説していますので、ご自身のパソコンの OS に合わせてインストールを行ってください。

図16 Arduino IDEの画面

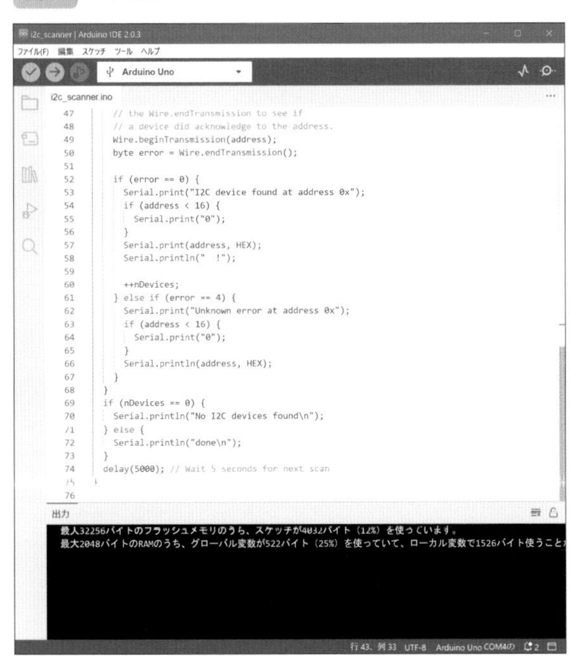

●WindowsにArduino IDEをインストールする

ブラウザを立ち上げて、「https://www.arduino.cc/」にアクセスしてください。図17のようなサイトが表示されます。次にそのページから＜SOFTWARE＞をクリックします❶。

図17 Arduinoのサイト

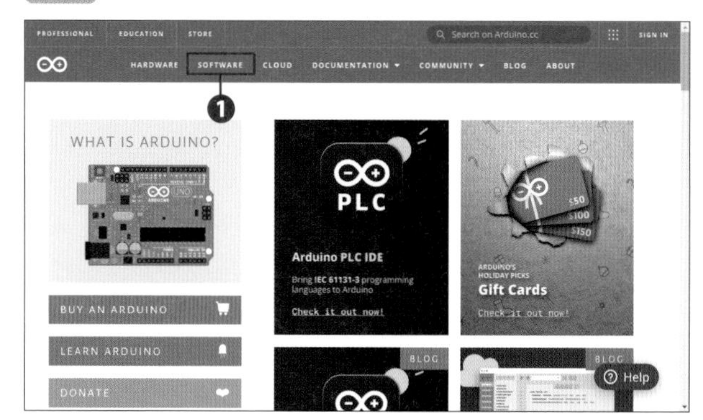

そのページの中に＜Download the Arduino IDE＞という見出しがあるので、＜Windows Win 10 and newer, 64 bits＞と記載されている箇所をクリックします❶。

図18 ダウンロード画面

次の画面で、Arduinoへの寄付とダウンロードを行うページが表示されます。ダウンロードだけを行う場合は、＜JUST DOWNLOAD＞ボタンを押します❶。ソフトウェアのダウンロードがはじまります。

図19 Arduinoへの寄付画面

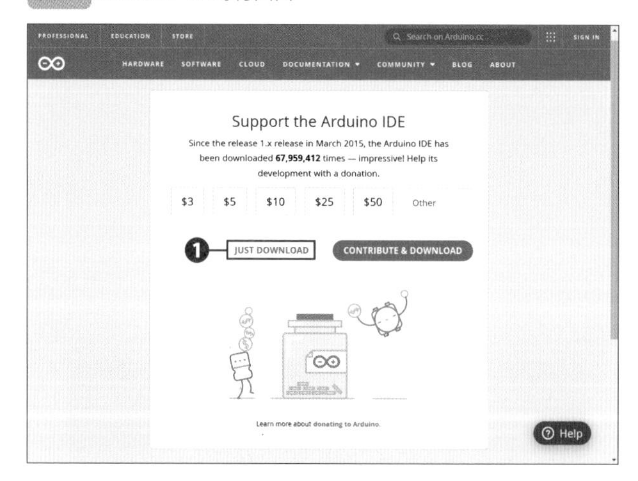

Memo Arduinoへの寄付を行う場合

もちろん、Arduinoへの寄付を行ってからダウンロードを行っても構いません。その場合には、<CONTRIBUTE & DOWNLOAD>ボタンを押して決済を行ってください。

ダウンロードが完了したら、ダウンロード先のフォルダを開きます。先ほどダウンロードしたファイルが存在するので、こちらをダブルクリックして実行します❶。

図20 ダウンロード先のフォルダ

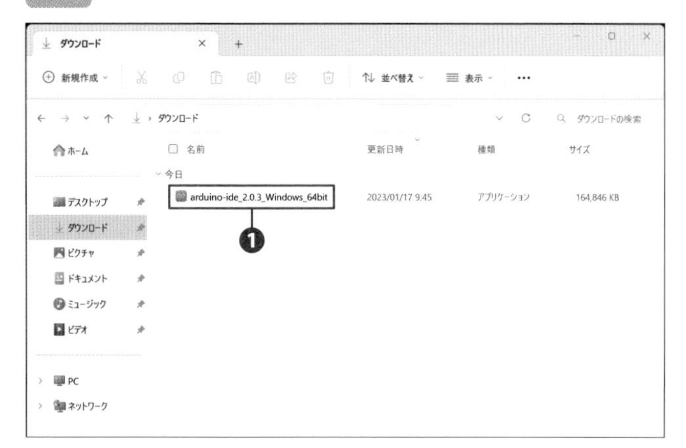

Memo ダウンロードしたファイル名

執筆時点では「arduino-ide_2.0.3_Windows_64bit」というファイル名でダウンロードされています。なお、ファイル名は変わる可能性があります。

ファイルが実行されると、図のようにインストールの進捗状況が表示されます。

図21 インストール画面

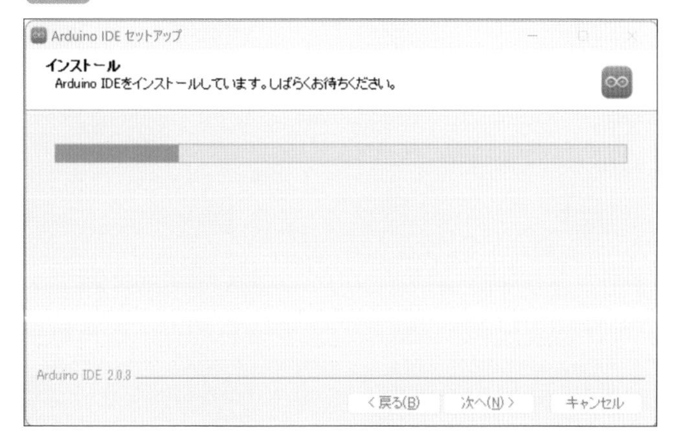

無事にインストールできたか確認します。アプリの一覧に＜Arduino IDE＞が表示されているかどうかを確認し、クリックしてください❶。

図22 Arduino IDEを起動する

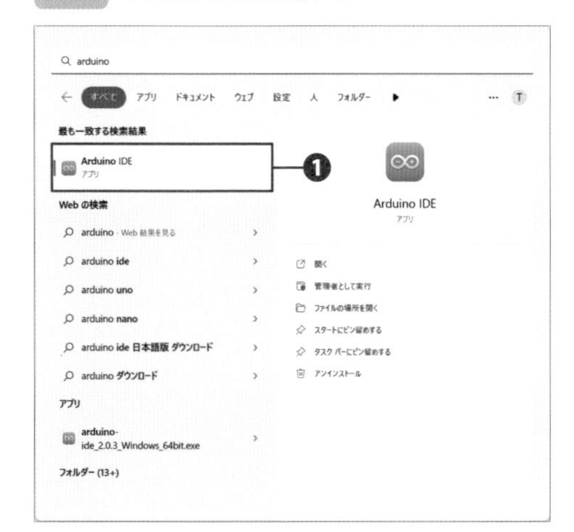

Arduino IDEが表示されれば無事インストール完了です。

図23 Arduino IDE

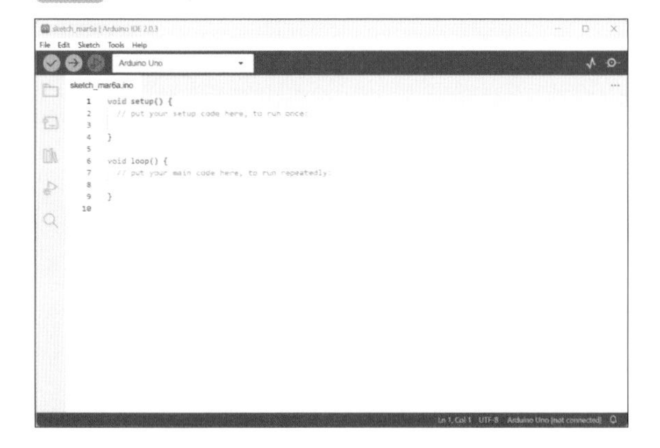

起動した直後はArduino IDEの言語が英語になっているので、日本語に切り替えます。

まず、＜FIle＞メニューをクリックし❶、＜Preferences＞をクリックします❷。

図24 設定画面を開く

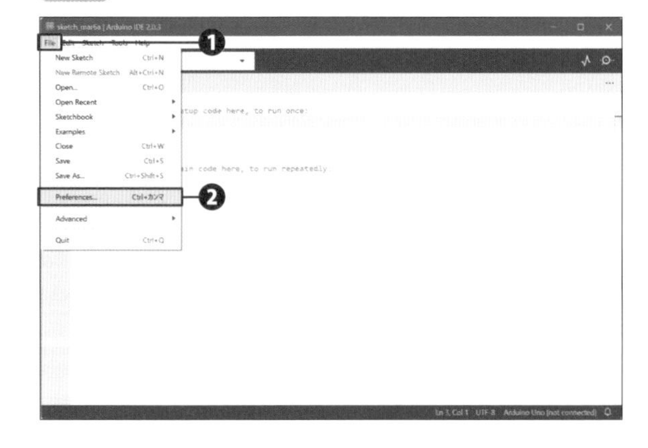

＜Languages＞が＜English＞になっているので＜日本語＞に切り替えて❶、＜OK＞をクリックします❷。

図25 言語を日本語に切り替える

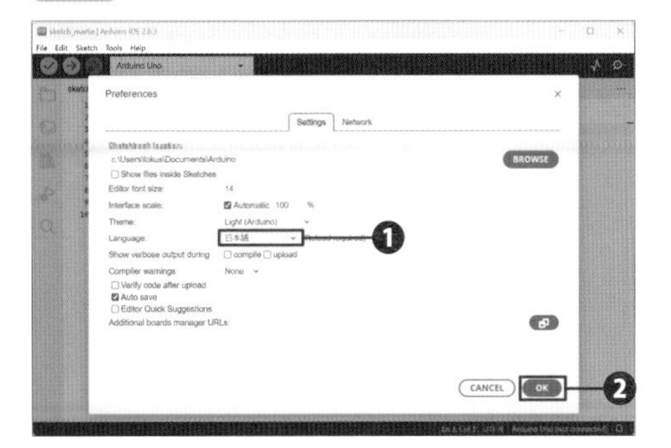

USBケーブルを使ってArduinoをパソコンに接続します。図26の▼をクリックして❶、＜Arduino Uno＞をクリックします❷（この操作によってArduino Unoとシリアルポート＜COM6＞を選んだことになります）。

図26 ボードを選択する

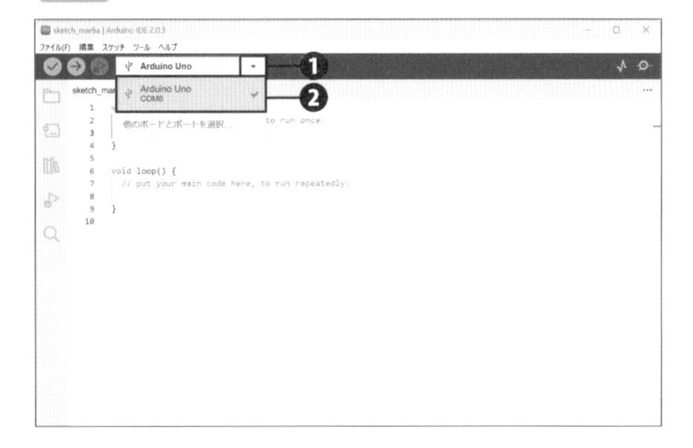

Memo ボードとポートの選択

図26で＜他のボードとポートを選択＞を選択すると、図のようにどのマイコンボードを使うか、どのシリアルポートに接続するかを選択する画面を表示できます。

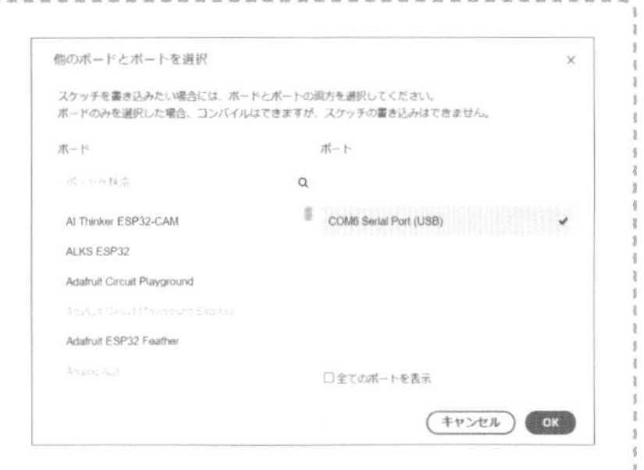

Memo Arduino IDEの動作環境

Arduino IDEはWindows、macOS（旧Mac OS X）、Linuxの各OS向けに提供されています。Windows版の場合、Arduino IDE 2以降はWinwos 10以降に対応しています。また、Arduino IDEのダウンロードページからは古いバージョンのArduino IDEもダウンロードできるようになっています。古いバージョンのArduino IDEはWindows 7以降のバージョンに対応しています。

MacにArduino IDEをインストールする

Safariなどのブラウザを立ち上げて、「https://www.arduino.cc/」にアクセスします。＜SOFTWARE＞をクリックします❶。

図27 Arduinoのサイト

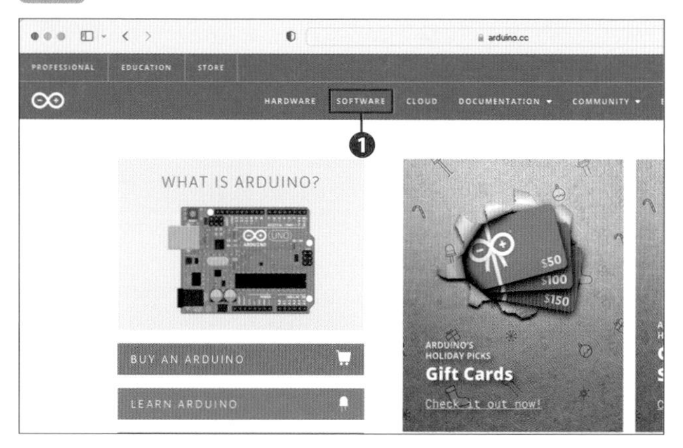

＜Downloads＞という見出しがあるので、＜macOS＞のいずれかをクリックします❶。＜macOS＞には2つの項目がありますが、使っているMacのCPUがIntelかapple Siliconかに合わせてどちらかを選んでください。

図28 ダウンロード画面

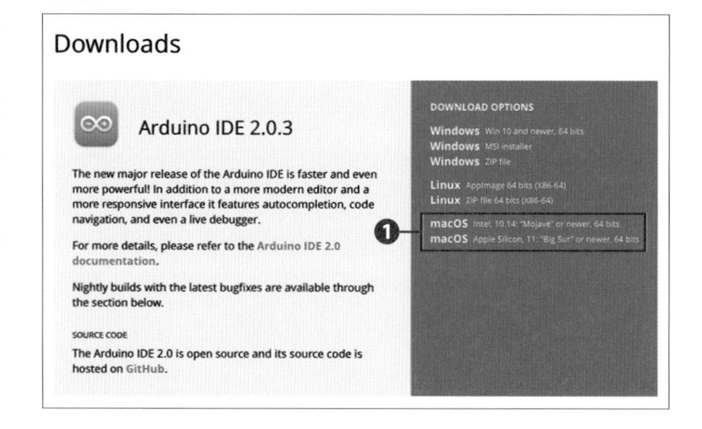

次の画面で、Arduinoへの寄付とダウンロードを行うページが表示されます。ダウンロードだけを行う場合は、＜JUST DOWNLOAD＞ボタンを押します❶。ソフトウェアのダウンロードがはじまります。

図29 Arduinoへの寄付画面

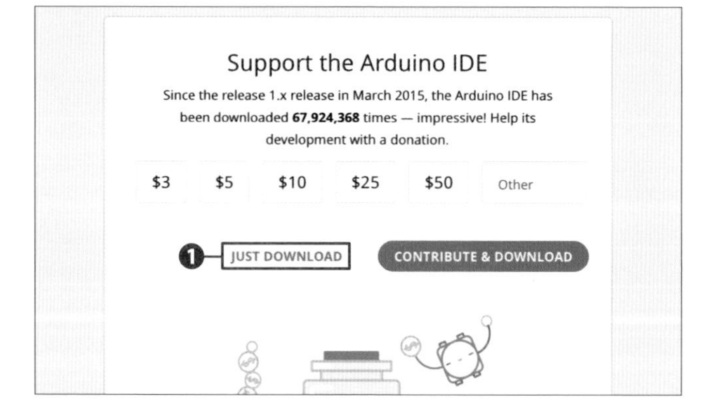

ダウンロードが完了したら、＜Finder＞を使いダウンロードフォルダを開きます。先ほどダウンロードしたファイルを開きます❶。

図30 ＜ダウンロード＞フォルダ

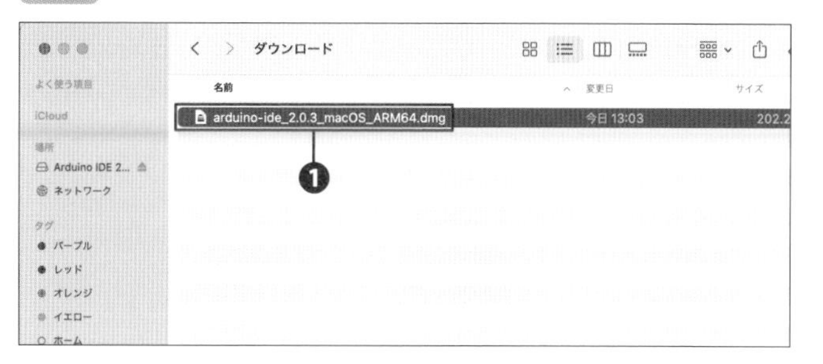

左側にある＜Arduino IDE＞を右側の＜Applications＞へコピーします❶。

図31 ＜Arduino IDE＞を＜Applications＞フォルダに移動する

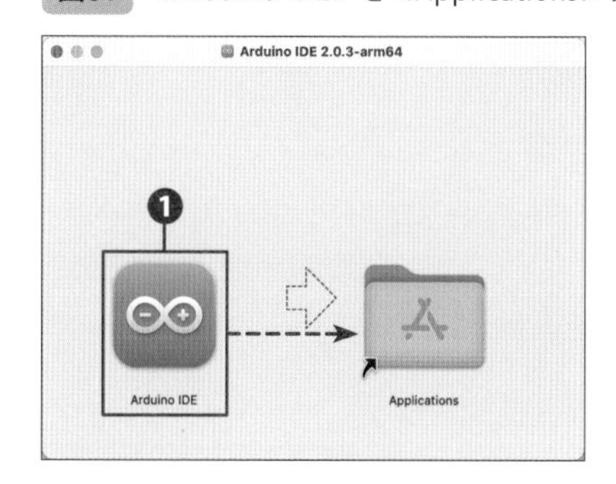

＜ダウンロード＞フォルダにあった＜Arduino IDE＞が＜アプリケーション＞フォルダに存在すればインストールは完了です。

そのまま＜Arduino IDE＞をダブルクリックして起動してください❶。

図32 Arduino IDEを起動する

Memo　本書の解説環境

本書では、特に断りがない場合、Windows版を使った環境での説明をします。一部、Arduino IDEの表記がWindows版とMac版で異なりますが、ほとんどのスケッチはそのまま動きます。

Arduino IDEが表示されれば無事インストール完了です。

図33 Arduino IDE

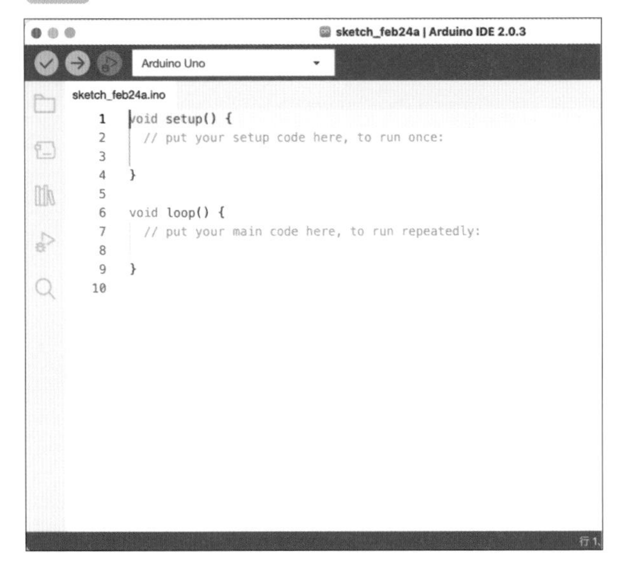

USBケーブルを使ってArduinoをパソコンに接続します。32〜33ページのWindows版を参考に、言語の変更、ボードとポートを＜Arduino Uno＞に切り替えれば完了です。

図34 ボードを選択する

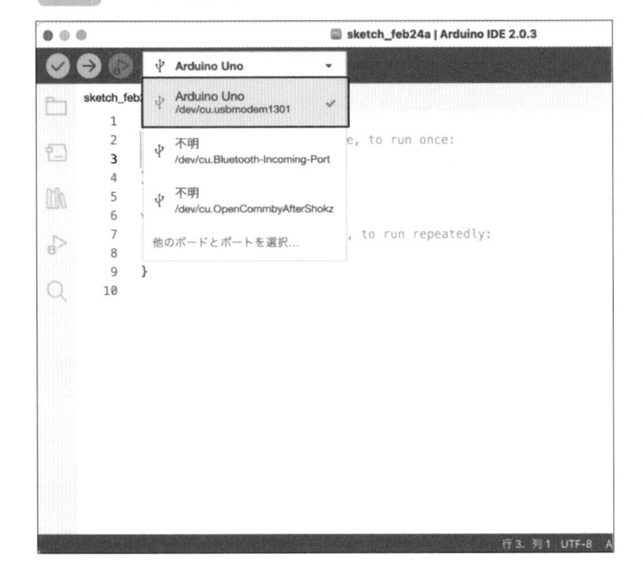

Memo **接続がうまくいかないときは？**

Arduino Unoを接続していても、図26（33ページ）や図34の画面の選択肢にArduino Unoが表示されないことがあるかもしれません。その場合は、パソコンを再起動することで解消することもあるので、一度再起動を試してみましょう。

Chapter 2

スケッチの基本を知ろう

2-1

Arduinoを動かそう

いよいよ、セットアップの終わったArduino IDEの使い方を見ていきます。使い方の基本である、画面上の構成を把握して、自在に使いこなせるようになりましょう。

Arduinoを使いはじめよう

このChapterではArduinoを実際に使いはじめてみます。一般的に「Lチカ」と呼ばれる簡単な操作を通じて、主に以下のことを行います。

Arduino IDEを使う

Arduinoを使おうと思ったら、まずはArduino IDEを使う必要があります。まずは画面の見方を覚え、スケッチの作成や転送を行えるようになりましょう。

スケッチを作成する

Arduinoを制御するプログラムであるスケッチを書いてみます。はじめはごく簡単な内容から入ります。また、スケッチを作成する際に必ず目にする「setup関数」と「loop関数」についても説明します。この2つの関数がすべての基本になるので、しっかり覚えておきましょう。

電子部品をArduinoにつなげる

スケッチを書いてArduinoに転送したら、最後は電子部品をArduinoにつなげるだけです。「Lチカ」ではLEDランプしか使わないので、スケッチが正しくかけていれば、すぐにその成果を確かめることができるはずです。

図1 Lチカに挑戦

Arduino IDEの使い方を知ろう

まず、Arduino IDE の画面構成を確認しましょう。Arduino IDE を立ち上げると、**図 2** のような画面が表示されているはずです。

図2 Arduino IDEの画面

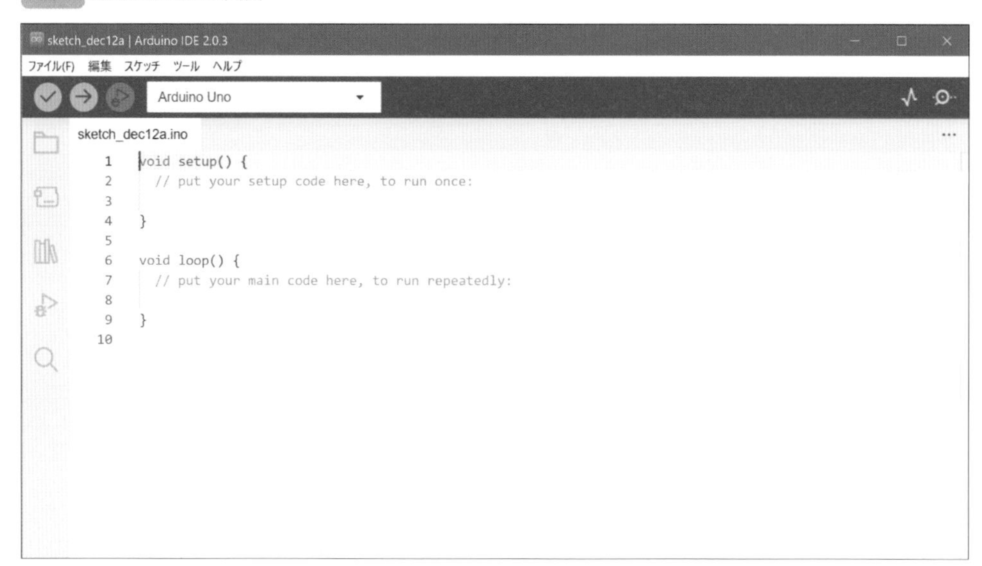

この画面が本書で、**「スケッチ」**と呼ばれるプログラムを書き込むための画面になります。ここにプログラムを書いては、Arduino にそのプログラムを送り込む（転送する）という手順をこれから繰り返し行なっていくことになる、重要な画面です。

Memo

Arduino IDE に何も表示されない場合

Arduino IDE を立ち上げでも**図 1** のように表示されない場合は、<ファイル>メニューから❶、< New Sketch >（または<新規スケッチ>）をクリックしてください❷。新しいスケッチが表示されます。

次に**図 2** の左上に注目してみてください。**図 3** のようにアイコンが並んでいます。このアイコンは以下のような意味があります。

図3 10のアイコン

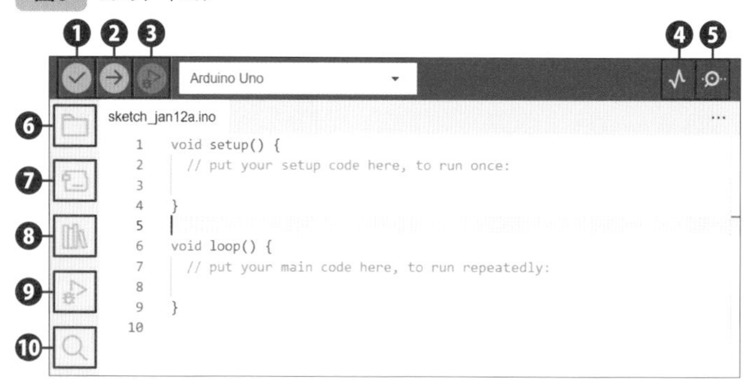


```
1  void setup() {
2    // put your setup code here, to run once:
3
4  }
5
6  void loop() {
7    // put your main code here, to run repeatedly:
8
9  }
10
```

❶ 検証

書かれたスケッチがArduino言語として正しいかどうかを検証してくれます。

❷ 書き込み

スケッチを**コンパイル**して、問題がなければ**その内容をArduinoに転送してくれます。**

❸ デバッグ

スケッチをマイコンで動かしている途中で止めて、そのときの状態を確認するなどできます。開発する際に役に立つ機能ですが、本書で扱うArduino UNOではその機能を使えません。

❹ シリアルプロッタ

マイコンから送られてくるデータをグラフとして表示させてくれる機能です。

❺ シリアルモニタ

シリアル通信で送られてきたデータを表示します。詳しくはChapter 4で解説します。

❻ スケッチブック

PC上にある過去のスケッチが並んで表示されます。

❼ ボードマネージャ

Arduino IDEに対応したボードへの書き込みに関する管理を行う画面に移動します。

❽ ライブラリマネージャー

5章で詳しく見ていきますが、「**ライブラリ**」という機能をインストールしたり、管理したりするための画面に移動します。

❾ デバッグ

❸のデバッグと同じです。

❿ 検索

スケッチの中から特定のキーワードで検索する際に利用します。

　意味を覚えていなくても、マウスカーソルをアイコンの位置に合わせることで、アイコンの右側に説明が表示されます。機能がわからないときは、マウスを移動させて確認してもよいでしょう。

　また、画面下部には黒い部分がありますが、これはスケッチを書いてコンパイルを行った時に、**無事にコンパイルが成功したかどうか、あるいはコンパイルが失敗した場合にその理由が表示されるところです。**コンパイルが成功したときは**図4**、失敗したときは**図5**のようにエラーメッセージと間違っている箇所のハイライトが表示されます。また、Arduinoへスケッチを転送する際には、その状況が表示されます。スケッチの転送時には**図6**のような画面が表示されます。

コンパイル

スケッチなどのソースコードというのは、コンピュータに命令を与えるためのファイルです。ソースコードは人が見て分かる形で書かれていますが、それをコンピュータが実際に動作するための形式に変換することをコンパイルと言います。本書の場合、コンピュータはArduinoのことになるので、コンパイルとはArduino上で動作させるための形式にスケッチを変換することを指します。

図4　コンパイルが成功した表示

図5　コンパイルが失敗した表示

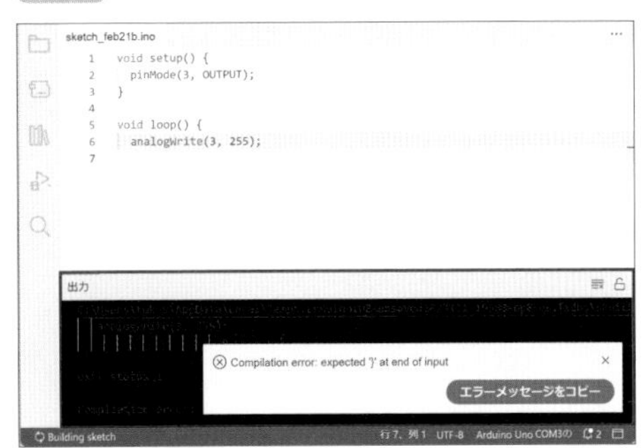

図6　スケッチの転送時の表示

2-2

スケッチの書き方を知ろう

ここでは、最初に表示されているスケッチにどういった意味があるのかを解説します。Arduinoを扱うために必要なプログラミングの基礎を確認しましょう。

スケッチの基本を知ろう

Arduino IDEの画面構成がわかったところで、早速スケッチを書いてみましょう。書き方のルールをわかっていれば、**これから書くスケッチを応用して、自分で自由にスケッチを書くことができるようになります。**

また、スケッチの基本的なルールがわかれば、人が書いたスケッチを見て、どのような仕組みで動いているかを理解することもできます。そうすれば、**インターネット上にあるサンプルのスケッチを読み解くこともできます。**

●コメント

それでは、スケッチの基本を確認します。例として、新規ファイルで開いたArduino IDEに表示されたコードがどのようになっていたかを見てみましょう。

リスト1 新規ファイルのスケッチ

```
void setup() { 1
  // put your setup code here, to run once: 2

}

void loop() { 3
  // put your main code here, to run repeatedly: 4

}
```

このコードが最初のスケッチです。このスケッチに出てくるルールを、一つ一つ覚えましょう。

最初のルールとして、2つのスラッシュ（//）から始まっている文が2つあります。具体的には、2の

```
// put your setup code here, to run once:
```

と、**4** の

```
// put your main code here, to run repeatedly:
```

という箇所です。このように**「//」の後ろに書かれているテキストは「コメント」と呼ばれ、プログラムとしては実行されません。**

では、コメントは何のためにスケッチに書かれているのでしょうか。コメントは、後からスケッチを見返す人のために書かれています。スケッチのコードはコンピュータがコンパイルするためにあります。しかし、それだけはなく、後からほかの人がスケッチの内容や意図を理解するのを助けるために利用されます。

コメントはプログラムとして実行されないことを考えると、**リスト 1** のスケッチは、以下のように書いても、スケッチの意味自体は変わりません。

リスト 2 コメント抜きのスケッチ

```
void setup() {
}

void loop() {
}
```

コメントを除くと残っているのは、setup と、loop という 2 つの「関数」になります。

●関数とは

Arduino IDE を立ち上げると表示されるスケッチには、「**setup**」と「**loop**」という 2 つの「**関数**」が最初から用意されています。この 2 つの役割について説明する前に、そもそも「関数」とは何かの説明からはじめましょう。

関数というのは、**複数の処理にまとめて名前をつけたものです。** Arduino 言語の場合、以下のような構造になっています。

```
戻り値 関数名(引数1、引数2、引数3、....) {
                // ここに関数の中身を書きます
}
```

関数は作るところからはじめることもありますが（Chapter 8 で少し出てきます）、本書では主にあらかじめ用意された関数を呼び出して使います。ここでも、あらかじめ用意された関数を使う方法について説明します。

関数を呼び出すということは、**その関数の中の処理を実行させる**ということです。そのときに、**引数**が必要な関数と必要でない関数があります。

例えば、delay という名前の関数があり、本書でもよく出てきます。この関数は 1 つだけ引数を受け取る関数で、以下のように使います。

リスト 3 delay関数の使い方

```
delay(1000);
```

このように書いた場合、引数である 1000 という数を delay 関数に渡したことになりますが、渡した引数によって関数の中で行われる内容は変化します。例えば、この delay 関数はスケッチの処理を遅らせることができる関数ですが（53 ページ参照）、引数の数字によって遅らせるタイミングが変わります。

また、delay 関数の場合は 1 つだけ引数をとる関数でしたが、複数の引数をとる関数や引数をとらない関数もあります。

リスト 4 様々な引数の関数

```
digitalWrite(2, HIGH);
interrupts();
```

リスト 4 の 1 行目は 2 つの引数をとる関数で、2 行目は引数をとらない関数の例です。

setupとloopの役割を知ろう

新しいスケッチに表示される「setup」と「loop」も関数です。次に、「setup」と「loop」についてくわしく見ていきましょう。**setup 関数**と **loop 関数**は Arduino をプログラミングする際に必ず利用することになります。その役割をしっかり確認しておきましょう。

まず setup 関数は、**Arduino が起動したときに「一度だけ」実行される関数で、Arduino の設定を最初に行います。**そのため、この関数の中には、Arduino を使って色々な電子部品を扱うための準備をするためのプログラムを書きます。例えば、各ピンの入出力の設定は、setup 関数によって行います（具体的にどう設定すればよいのかは、次の Section 以降でコードを交えて説明します）。

対して、loop 関数は、**setup 関数が終わった後に「繰り返し」実行される関数です。**setup

関数は最初に一度だけ実行するのに対して、loop 関数は一度実行が終わっても、続けて再度実行され、それが延々と続きます。

図7　loop関数とseup関数

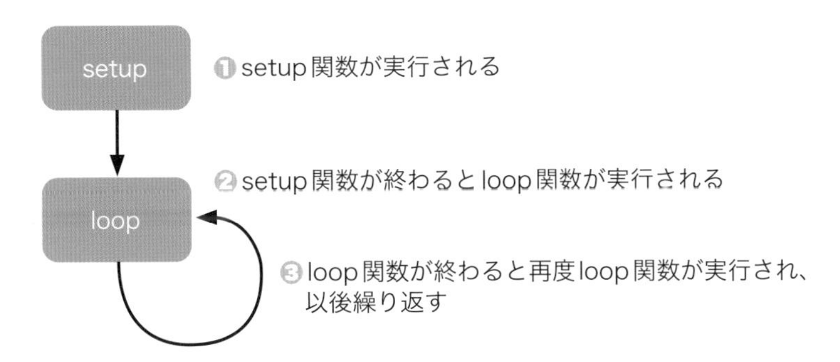

そのため、**loop 関数の中では、一度だけでなく、二度三度と延々と実行されても大丈夫なようにプログラムを書く必要があります。**では、なぜ loop 関数で同じ処理を繰り返し実行する必要があるのでしょうか。電子工作のプログラムというのは、繰り返し変化をチェックする必要があります。例えば、周囲の明るさに応じて色が変わるように LED ランプを光らせたいとします。この場合、周囲の明るさが変わったかどうかを繰り返しチェックするようプログラムする必要があります。このように、変化に応じて何かを変える（この場合であれば周囲の明るさに応じて LED ランプの色を変える）というプログラムを書くことが Arduino では多いので、loop 関数には同じ処理を繰り返すようにプログラムします。

例をもとに、さきほどの図をもう少し具体的にすると、**図 8** のようなイメージになります。

図8　明るさに応じてLEDの色を変える場合

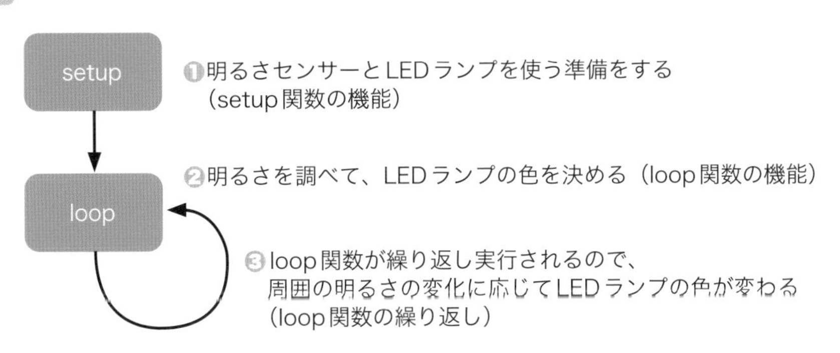

以上が Arduino IDE を立ち上げたときに出てくる「setup」と「loop」の役割です。次の Section 以降では、実際にどのようにプログラミングすればよいか確認しましょう。

2-3

LEDランプを点滅させるスケッチを書こう

ここからは実際にLEDランプを光らせるスケッチを書いていきます。抵抗入りLEDランプを使って電子工作の第一歩目を踏み出しましょう。

まずはLEDランプを点滅させよう

それでは、LEDランプを点滅させるスケッチを書いていきましょう。LEDランプを点滅させることは、LEDランプをチカチカと光らせることから「Lチカ」と呼ばれており、電子工作でプログラミングをするための第一歩としてよく例に挙げられています。

まずはじめに、LEDランプを点灯させるスケッチを書いて、次にLEDランプを点けたり消したり点滅させるスケッチを書きます。

●LEDランプを光らせるピンを指定する

LEDランプを光らせるためには、LEDランプをArduinoの**GPIO**につなぎます。GPIOはArduinoから電気を流すためにも、また電気が流れているかをArduinoで調べるためにも、目的によって出力・入力を使い分けることができます。

GPIOは電子部品を扱うために様々な場面で使用します。ここではその第一歩として、GPIOを通じてLEDランプへ電圧を送り込み、LEDランプを光らせます。今回は0から13まで番号が振られているGPIOピンのうちの、13番ピンを使いLEDランプを制御します。

図9　Arduinoにある14個のGPIOピン

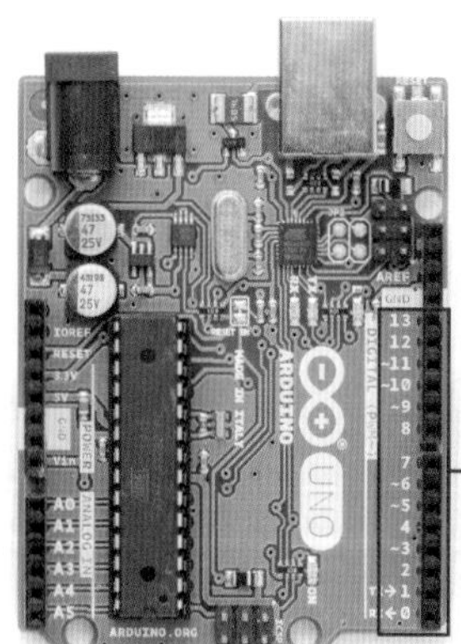

Memo　GPIO

「General-Purpose Input/Output」の略。

Memo　使うピンの番号

今回のようにLEDを光らせるだけであれば、0番から13番まであるGPIOのピンのうち何番でも構いません。ただし、後述のようにスケッチの内容が利用するピンの番号に合わせて変わる点に注意しましょう。

では、スケッチを書いてみましょう。今回のスケッチを書くために新しくファイルを作るところから始めます。

まず、Arduino IDE を立ち上げて、＜ファイル＞から＜ New Sketch ＞（または＜新規スケッチ＞）を選択します。すると新しいファイルのウィンドウが開きますので、ここにLED を点灯させるためのスケッチを書きましょう（**図 10**）。

図10 新規スケッチの画面

```
Arduino Uno
sketch_dec12b.ino
1  void setup() {
2    // put your setup code here, to run once:
3
4  }
5
6  void loop() {
7    // put your main code here, to run repeatedly:
8
9  }
10
```

LED ランプを点灯させるスケッチは以下の通りです。

リスト 5 LEDランプを点灯させる

```
void setup() {
  // put your setup code here, to run once:
  pinMode(13, OUTPUT); 1
}

void loop() {
  // put your main code here, to run repeatedly:
  digitalWrite(13, HIGH); 2
}
```

図11 Arduino IDEにスケッチを書き込んだところ

```
Arduino Uno
sketch_dec12b.ino
1  void setup() {
2    // put your setup code here, to run once:
3    pinMode(13, OUTPUT);
4  }
5
6  void loop() {
7    // put your main code here, to run repeatedly:
8    digitalWrite(13, HIGH);
9  }
10
```

追加したコードは、2行だけです。一つ一つどういう意味か確認しましょう。

まず **1** の pinMode(13, OUTPUT) についてです。この行で、**GPIOの13番ピンから電気を出せるように設定しています。** 先に説明したように、GPIOは入力と出力のどちらも行うことができるので、**出力に使う場合は、「○○番ピンを出力に使う」と設定する必要があります。** 今回の場合でいえば、ここで「13番ピンを出力に使う」と設定をします。この設定によって、LEDランプとつなぐ予定の13番ピンから、電気を出すための準備が整います。

次の **2** の digitalWrite(13, HIGH) は、**13番ピンから実際に電圧を出力させます。** loop関数の中で実行されているので、繰り返し13番ピンから電圧が出力されるように設定されています。

Memo 「digitalWrite(13, HIGH)」はloop関数の中に書く

2 の「digitalWrite(13, HIGH)」はloop関数の中で実行されています。しかし、LEDランプを点灯させるだけでは繰り返し実行することに意味はありません。ただし、後に解説するLEDランプを点滅させるためのプログラムでは繰り返し実行する必要があります。ここで書いたスケッチを書き直せばすむためloop関数の中に入れています。

これらのコードでは、2つの関数が出てきました。ひとつは「**pinMode**」、もうひとつは「**digitalWrite**」です。今後も使う関数ですが、現時点では以下のような用途に使えると覚えておいてください。詳細な使い方はこのあと改めて解説します。

```
pinMode(<ピン番号>, OUTPUT);
// 指定したピン番号をGPIOの出力として設定する
```

```
digitalWrite(<ピン番号>, HIGH);
// 指定したピン番号に電気を流す
```

「pinMode」を使うとき、13番ピンを出力に設定したい場合は「pinMode(13, OUTPUT)」と書きます。1番ピンを出力に設定したい場合は「pinMode(1, OUTPUT)」と書けばよいわけです。

「digitalWrite」も同様で、13番ピンに対して電気を出す場合は「digitalWrite(13, HIGH)」と書いて、1番ピンに対して電気を出力する場合は「digitalWrite(1, HIGH)」と書きます。

スケッチを書き込もう

ここまで書いたら、実際にArduinoにスケッチを書き込んでみましょう。

まず、USBケーブルでArduinoをパソコンとつなぎます。その後、**図12**の<書き込み>を押します❶。

図12 <書き込み>をクリックする

ファイル(F)
❶
編集
スケッチ
ツール
ヘルプ

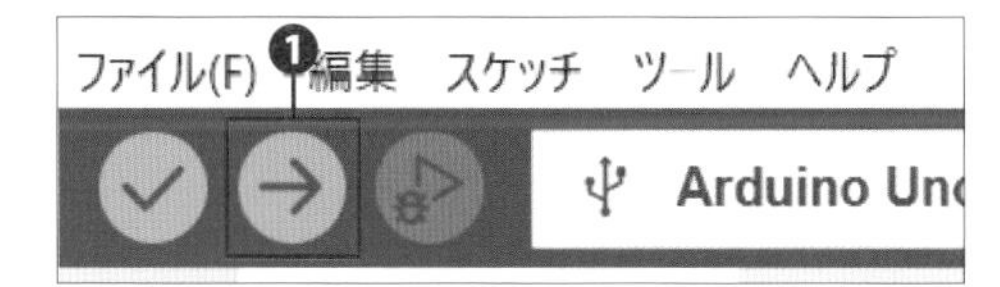

ケーブルが正しく接続されていると、スケッチのコンパイルが始まり、**図13**のようにボードへの書き込みが始まります。

図13 コンパイルが始まる

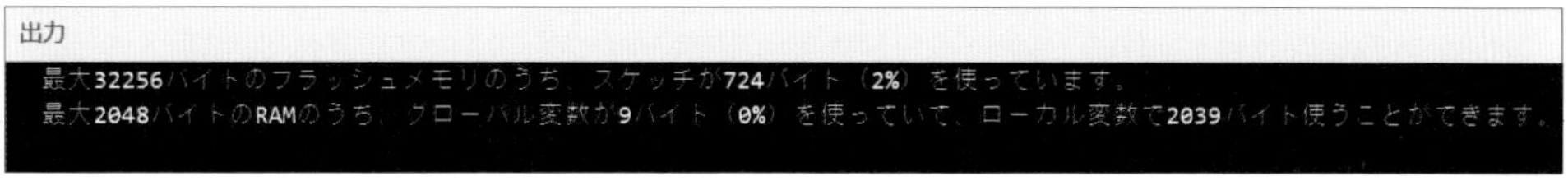

出力
最大32256バイトのフラッシュメモリのうち、スケッチが724バイト（2%）を使っています。
最大2048バイトのRAMのうち、グローバル変数が9バイト（0%）を使っていて、ローカル変数で2039バイト使うことができます。

しばらく待ち書き込みに成功すると、**図14**の画面がArduino IDEの下の表示されます。

図14 書き込みに成功した画面

出力
最大32256バイトのフラッシュメモリのうち、スケッチが724バイト（2%）を使っています。
最大2048バイトのRAMのうち、グローバル変数が9バイト（0%）を使っていて、ローカル変数で2039バイト使うことができます。
書き込み完了
コンパイル完了。
行

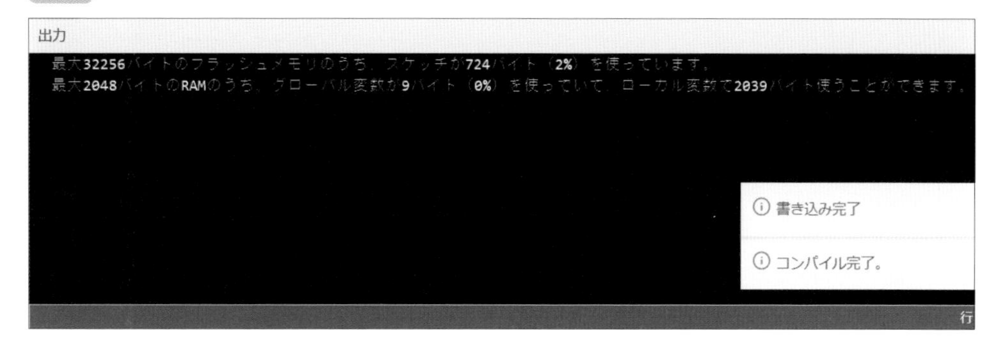

Memo **失敗する場合は？**

もし、この時点でスケッチの書き込みに失敗する場合には、USBケーブルが正しく接続されているかどうか確認してください。それでも失敗する場合には、Chapter 1のArduino IDEのインストールからやり直してみる必要があるかもしれません。

2-4

LEDランプをArduinoにつなごう

LED ランプを Arduino につないで、スケッチの通りに点灯するか確認します。ここでは抵抗入り LED ランプを使うので、簡単に Arduino につなぐことができます。

LEDランプを接続しよう

LED ランプが光るスケッチを書き終えたので、LED ランプを Arduino につなげて点灯させたいと思います。

使用するのは以下の部品です。

図15 抵抗入りLEDランプ

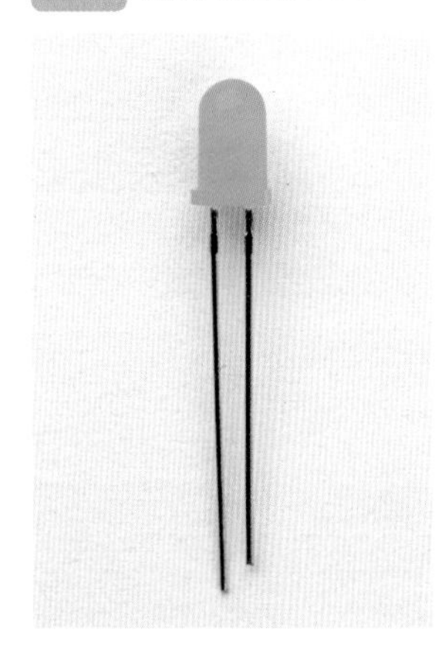

表1 使用する電子部品

部品名	個数
抵抗入り LED ランプ	1 個

Memo

抵抗入り LED ランプを購入する

抵抗入り LED ランプは、下記の Web サイトで購入できます。

・抵抗入り LED ランプ［抵抗内蔵 5mm 黄緑色 LED（5V 用）］
秋月電子通商：https://akizukidenshi.com/catalog/g/gl-12518/

●LEDランプとは

LED ランプは文字通り、LED で光るランプのことです。電気が流れると光ります。

LED ランプからは 2 つの線が出ており、線の長さが違います。長い方の線が**アノード**と呼ばれ、短い方の線が**カソード**と呼ばれています。電気は**アノードからカソードに流れます。**電気の＋側にアノードの方を差し、グランド側にカソードを刺します。この向きを間違えると LED ランプが光らないので注意してください。

図16 アノードとカソード

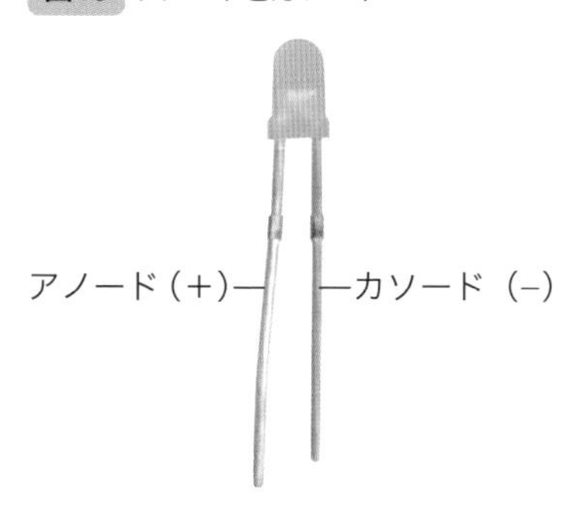

LED ランプをはじめ、電子部品を使う際には**抵抗**と呼ばれる部品も合わせて使うことが一般的です。Chapter 3 で詳しく解説しますが、これは電気が流れ過ぎないようにするためです。しかし、抵抗を使うと他にもブレッドボードやジャンパーワイヤーといった部品が必要になってしまいます。ここでは、接続を極力簡単にするために、**抵抗入り LED ランプ**のみを使います。抵抗入り LED ランプを**図 17** のように直接 Arduino に刺してください。

図17 接続の仕方

表2 抵抗入りLEDランプの接続方法

片方の接続箇所	対応する接続箇所
LED ランプのアノード	Arduino の＜ 13 ＞ピン
LED ランプのカソード	Arduino の＜ GND ＞

Memo **抵抗**

ここでは抵抗入り LED を用いました。Arduino から流れる電圧は 5V ですが、直接 LED ランプを刺してしまうと、LED ランプに大きい電流が流れ、LED ランプが壊れてしまいます。抵抗入りではない LED ランプを使う場合は、別途抵抗が必要になります。抵抗については Chapter 3 で詳しく解説します。

LEDランプをArduinoにつなげたら、USBケーブルをArduinoに挿して、LEDランプが光るかどうか試してください。**図18**のように光れば成功です。

もしこの時点で光らない場合は、55ページの「LEDランプが光らない場合の注意点」を確認してください。

図18 LEDランプが点灯する

> **Memo** **抵抗入りLEDランプがない場合**
>
> 抵抗入りLEDランプがない場合は、図のように抵抗なしのLEDランプと抵抗（330 Ω）を組み合わせてブレッドボード上に接続することでも、同様の回路を作ることができます。スケッチもまったく同じものを利用できます。ブレッドボードや抵抗に関しては60～63ページを参照してください。

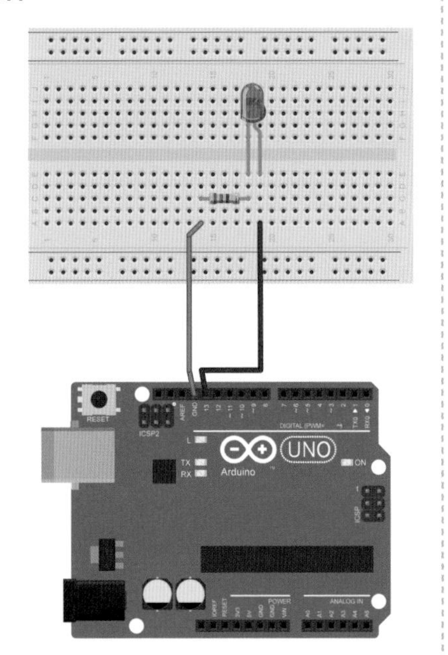

点滅の間隔を設定しよう

ここまでで、LEDランプが点灯するスケッチを書いて確認ができました。ですが、せっかくスケッチでLEDランプの点灯・消灯をコントロールできるので、先ほどのスケッチを一部書き換えてLEDランプを点滅させるスケッチも書いてみましょう。

以下のように、スケッチのコードを書き換えます。

リスト6 LEDランプを点滅させる

```
void setup() {
  // put your setup code here, to run once:
  pinMode(13, OUTPUT);
}

void loop() {
  // put your main code here, to run repeatedly:
  digitalWrite(13, HIGH);
  delay(1000); 1
  digitalWrite(13, LOW); 2
  delay(1000); 3
}
```

追加したのは、1、2、3のコードの3行です。ここでも、それぞれの意味を確認しましょう。

まず、1と3で書いている、**delay関数**についてです。この関数は**渡された引数の数字の分だけ、スケッチの実行を遅らせる関数です。**なお、引数の単位は秒ではなくミリ秒です。1も3はどちらも「delay(1000)」と書いていますが、これは1000ミリ秒、つまり1秒の間スケッチの実行が遅れることを意味します。

次に2は、すでに書いたdigitalWrite関数を使って、13番のピンに電気を流さないようにするために書いています。**digitalWrite関数は第二引数に「HIGH」を入れると電気が流れ、「LOW」を入れると電気が流れなくなります。**つまり、以下のように電気の流れをコントロールできるのです。

```
digitalWrite(13, HIGH);
// 13番ピンに電気を流す
```

```
digitalWrite(13, LOW);
// 13番ピンに電気を流さない
```

Memo

ミリ秒

1ミリ秒は1/1000秒。1000ミリ秒で1秒になる。

スケッチを書いたら、再度コンパイルしてArduinoへ転送します。USBケーブルでつないだ状態で、<書き込み>をクリックしてください。しばらくするとLEDが点滅し始めます。

ここではGPIOの13番ピンを例に説明しましたが、「13」の部分の数字を変えれば、ほかのピンにLEDランプをつないでも同様に制御できます。ただし、その場合は13番ピンとGNDのようにピンが隣り合っていないため、ブレッドボードとジャンパーワイヤーが必要になります。

Memo

Arduino内蔵LED

実は、Arduino Unoには内蔵のLEDが付いています。そして、その内蔵LEDは＜13＞ピンとつながっています。
そのため、47ページに出てくる＜13＞ピンの制御を行うスケッチが転送されているArduinoでは、図のように内蔵LEDも点灯していることが確認できます。この内蔵LEDをピンに接続して使うLEDランプの代わりに利用することもできます。
内蔵LEDが常に点灯している様子を確認したい場合は、以下のスケッチを転送します。

```
void setup() {
  pinMode(13, OUTPUT);
  digitalWrite(13, HIGH);
}

void loop() {
}
```

LEDランプが光らない場合の注意点

電子工作をやっていると様々な理由でうまくいかないことがあります。ここでは、この Chapter で解説した通りに LED ランプが光らない場合、どういった問題が考えられるか確認しましょう。

LEDランプが光らない場合は?

最後に、ここまでの手順で LED ランプが点灯しなかった場合の理由を考えてみましょう。すでに、手順通りに試して問題なく LED ランプが光っているという方はスキップしていただいて構いません。

ざっと挙げていますと以下の理由が考えられると思います。実際に一つ一つチェックしていきましょう。

1. LED ランプ自体が壊れている
2. LED ランプを刺す方向が間違っている
3. GPIO のピンを差し間違っている
4. スケッチが正しく書き込まれていない・書き間違っている

1 の「LED ランプ自体が壊れている」可能性と、2 の「LED ランプを刺す方向が間違っている」可能性は、以下のように配線をつなぎ直すことで、LED ランプが正しく光るものなのかをチェックすることができます。なお、つなぎ直す場合はブレッドボードとジャンパーワイヤーが必要になります。ブレッドボードとジャンパーワイヤーの使い方については 60 ページを参照してください。

配線をつなぎ替えることになりますので、必ず USB ケーブルをパソコンから抜いて作業してください。この際に、LED ランプピンの方向が正しいかどうかを確認してください。

表3 LEDランプをつなぎ直す

片方の接続箇所	対応する接続箇所
Arduino の＜ 5V ＞	LED ランプのアノード
Arduino の＜ GND ＞	LED ランプのカソード

前節の通りの配線をしているなら、付け替えるところは LED ランプのアノードを

Arduino の＜ 5V ＞につなぎ直すところになります。もし、この接続で光らないようなら、LED ランプ自体が壊れている可能性があるので、別の LED ランプで試してみてください。

図19 LEDをつなぎ直す

3 の「GPIO のピンを差し間違っている」については、LED ランプのアノードが正しく＜ 13 ＞ピンとつながっているかどうかを再度確認してみてください。この Chapter で LED ランプを光らせるための信号を出しているのは、Arduino の＜ 13 ＞ピンです。

なお、上述の **1**「LED ランプ自体が壊れている」可能性と、**2**「LED ランプの刺す方向が間違っている」可能性を試している場合は、LED ランプのアノードが Arduino の＜ 5V ＞ピンにつながっている状態になっているかと思います。その場合は＜ 13 ＞ピンに差し替えてください。

最後の可能性は、**4**「スケッチが正しく書き込まれていない・書き間違っている」、つまり Arduino に書き込みが正しく行われていなかった、あるいはスケッチが間違っていた可能性です。

いずれにしても、2-3「LED ランプを点滅させるスケッチを書こう」のスケッチと比較し、書き間違いがないか確認して、再度 USB ケーブルでパソコンとつないで書き込んでみてください。

Chapter 3

電子回路を作ってみよう ―デジタル入出力を覚えよう

3-1

電子回路について知ろう

このChapterでは、電子回路についてもう一歩踏み込んで、回路の読み方や、電子工作の代表的な部品についての説明を行います。簡単な電子回路を読み解けるようになりましょう。

電子回路とは?

前のChapterでは、抵抗入りLEDランプをArduinoに直接つなげました。しかし、作るものが複雑になると使う電子部品も増え、**図1**のように電子部品を配線する必要が出てきます。こうしたものを**電子回路**と呼びます。そして、電子回路のつながりを説明したものを**回路図**といいます。

実は、Arduino自体も中で様々な電子部品が組み合わさっています。これもひとつの電子回路だと言えます。

電子工作というのは、LEDランプをはじめ、様々な電子部品を配線していくことです。言い換えれば、**電子回路を組み立てていく作業と言えるでしょう。**

このChapterでは電子回路の作成でよく使う電子部品の使い方や、回路図の読み方を解説します。ここで電子回路の基本を押さえておきましょう。

図1 電子回路

図2 回路図

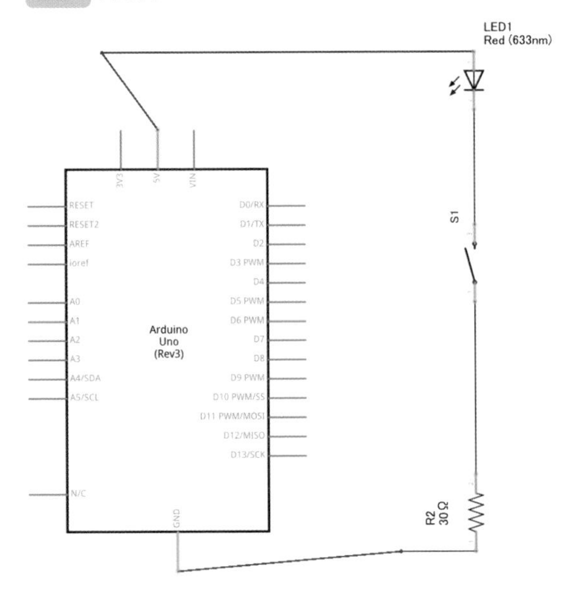

スイッチを使って簡単な電子回路を体験しよう

このChapterでは簡単な電子回路の例として、スイッチを使ったLEDランプを作ります。Chapter 2ではArduino以外には抵抗入りLEDランプしか使いませんでしたが、この章からは**ブレッドボード**や**抵抗**といった部品も使っていきます。また、スイッチに反応するようなスケッチを書いてみます。その中で新たに「変数」と呼ばれるものを利用する方法についても説明します。

図3 スイッチに反応するLEDランプ

3-2

代表的な電子部品について知ろう

ここでは、電子工作でよく利用するブレッドボードとジャンパーワイヤー、抵抗について解説します。どれも今後頻繁に出てくるパーツなので、使い方をしっかり確認しましょう。

ブレッドボードとジャンパーワイヤー

このSectionではよく使う電子部品について解説します。まずはブレッドボードとジャンパーワイヤーについてです。

LEDランプなどの部品とArduinoと状態を作るためには、直接線同士をつなげばいいです。そのためのパーツとして**ブレッドボード**と**ジャンパーワイヤー**を使います。

図4 ブレッドボード

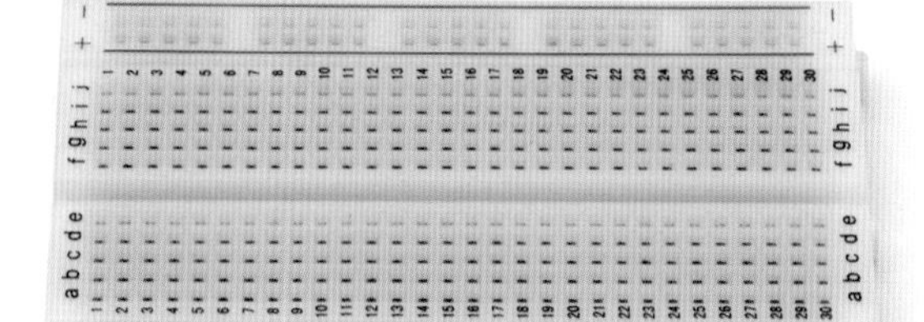

図5 ジャンパーワイヤー

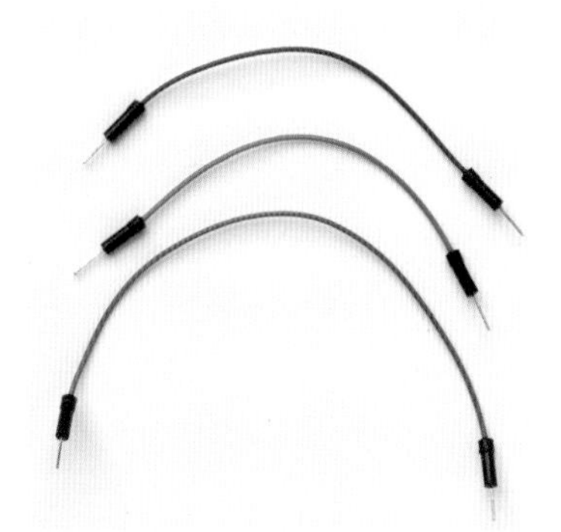

ブレッドボードには多数の穴が空いており、ここにLEDランプなどの電子部品やジャンパーワイヤーを差し込みます。また、穴は特定の箇所同士が内部でつながっています。

どのようなルールでつながっているかというと、**図6**のように隣り合って並んでいる穴同士が中で同じ線で結ばれています。

横一列でつながっている箇所は4つあり、＋と－の記号が割り振られています。＋と－の列はそれぞれ独立した1つの線になっていて、＋の列に刺した部品は同じく＋の列に刺した部品と、－の列に刺した部品は同じく－の列に刺した部品とつながります。**図6**のように＋と－はそれぞれ上下1列ずつ、合計4本の列があります。

それ以外はすべて縦一列でつながっており、その線が60本あることが分かります。穴には縦に数字の番号が、横にアルファベットがaからjまで振られています。a1（アルファベットaと数字の1が交差する穴）にジャンパーワイヤーを差し込むと、b1、c1、d1、e1の穴とつながったことになります。このとき、a2やa3の穴にはつながってはいないことに注意してください。また、ブレッドボードの中心には溝があり、その両側はつながっていません。つまり、a1～e1はf1～j1とはつながっていません。

さらに、a1に差し込んだジャンパーワイヤーの反対側をArduinoの＜13＞ピンに差し込むと、ジャンパーワイヤーと介してArduinoの＜13＞ピンがブレッドボードのb1、c1、d1、e1の穴とつながります。ここでe1の穴にLEDランプを差し込めば、Arduinoの＜13＞ピンにLEDランプを差し込んだのと同じになります。このようにブレッドボードを利用することで、様々な電子部品とArduinoをつなぐことができるわけです。

図6 ブレッドボードの仕組み

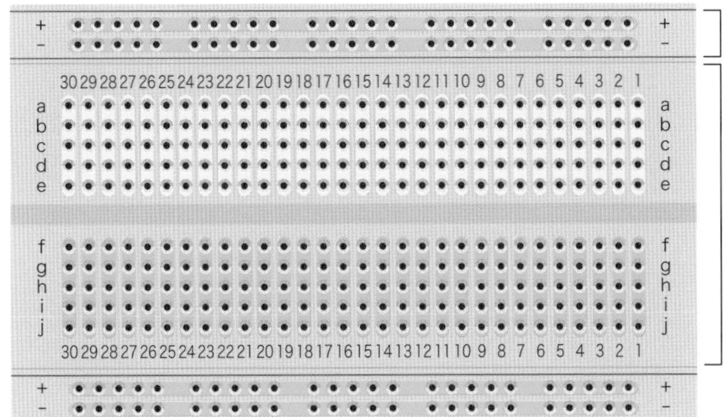

＋の列同士と−の列同士でそれぞれつながる

数字ごとにつながる。ただし、a～eに刺した部品と、f～jに刺した部品はつながらない

Memo ブレッドボードとジャンパーワイヤーを購入する

ブレッドボードとジャンパーワイヤーは下記のWebサイトから購入できます。

・ブレッドボード
秋月電子通商：https://akizukidenshi.com/catalog/g/gP-00315/
スイッチサイエンス：https://www.switch-science.com/catalog/313/

・ジャンパーワイヤー
秋月電子通商：https://akizukidenshi.com/catalog/g/gC-05371/（長さ100mm、18本入り以上）
スイッチサイエンス：https://www.switch-science.com/catalog/620/（長さ150mm、10本入り）

抵抗

Chapter 2では、抵抗入りLEDランプを光らせました。その際は説明を省略しましたが、LEDランプなどの電子部品を利用するには「**抵抗**」が必要になります。

図7 抵抗

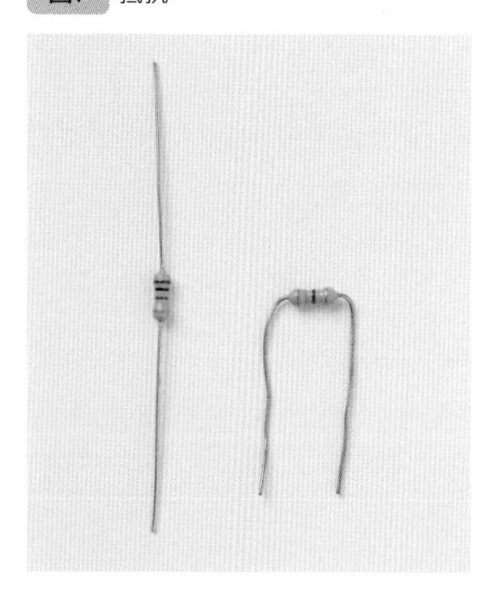

何故抵抗が必要なのかを理解するには、「**電流**」と「**電圧**」が関係してきます。

まず電圧というのは、**電気を押し出す力に該当します。** 電圧を水の流れで例えてみましょう。水が上から下へどんどん流れているとき、水が流れ出す位置の高さが電圧にあたります。水の場合は流れ出す高さが高いほど押し出す力が強くなりますが、電気の場合は電圧が高いほど押し出す力が強くなります。電圧の単位は**V（ボルト）**で表します。

電流は、**電気の流れる量を表します。** 水の流れで例えると、電流は水の流れるスピードにあたるイメージです。強い力で押し出されるほど水が早く流れるように、電圧が強いほど電流も大きくなります。単位は**A（アンペア）**で表します。

では何故電子回路には抵抗が必要になるのでしょうか。その理由は、**電子部品にごと適した電流が異なるからです。** ここで重要になるのが電圧・電流・抵抗の値の関係です。電圧・電流・抵抗の関係は、以下のような式で表されます。

電圧 = 電流 x 抵抗

電流を求める場合は、上記の式をもとに以下の通りに表現することができます。

電流 = 電圧 / 抵抗

電圧が一定の場合、電流の値は抵抗の値に反比例します。**ArduinoのGPIOのピンから出力できる電気の電圧は5Vなので、**抵抗を使うことで電流の大きさを調整できるのです。適した電流の値に応じて必要な抵抗の値を求める必要があり、抵抗の大きさは**Ω（オーム）**で表します。抵抗の値が大きいほど、電流の流れを妨げる力が強くなります。330Ωや1kΩなど様々な大きさの抵抗があるので、必要な大きさの種類を使う必要があります。

なお、電圧・電流・抵抗の関係は必要な抵抗の値を求めるために利用しますが、これを**オームの法則**と言います（中学生のころに理科の授業で習ってないでしょうか？）。

図8　オームの法則

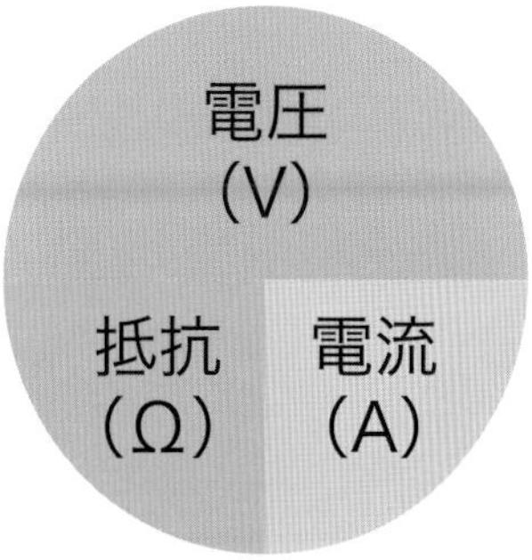

電圧（V）
抵抗（Ω）　電流（A）

電圧 = 電流 x 抵抗
電流 = 電圧 / 抵抗
抵抗 = 電圧 / 電流

例えばLEDランプの場合、330Ωの抵抗を使います。この値を抵抗を使うことで、LEDランプへの流れる電流の量が定格に抑えられ、安全にLEDランプを使うことができます。

今後本書では、抵抗が必ずと言っていいほど登場します。そのとき必要な抵抗の値は、オームの法則をもとに電圧と電流から計算を行っているのだと思ってください。

Memo　**抵抗の読み方**

抵抗には、カラーコードと呼ばれる4本の線が並んでいて、この色から抵抗値を判断することができます。左ページ図7の上から2つの線が2桁の数値を表し、3つ目はその数値を10の何乗させるか、4つ目は抵抗の誤差の範囲を表しています。

例えば、色の組み合わせが橙橙茶金の場合、色ごとに割り振られた数字（表参照）を照らし合わせると、最初の「橙橙」が「33」を表し、3つ目の線（茶）が10の1乗させることを意味しています。つまり、$33 \times 10^1 =$ 330Ωがこの抵抗の抵抗値ということになります。金色は誤差が±5%であることを意味します。

色	数値
黒	0
茶	1
赤	2
橙	3
黄	4
緑	5
青	6
紫	7
灰	8
白	9

Memo　**抵抗を購入する**

抵抗は下記のWebサイトから購入できます。抵抗は解説の通り様々な抵抗値のものがあり、本書でも抵抗値が異なるものをいくつか使用します。ここで紹介するものは複数の種類の抵抗がセットになったものです。

・スイッチサイエンス
https://www.switch-science.com/catalog/1084/

3-3

電子回路の配線を考えよう

回路図の読み方の基本を解説します。本書では回路図はあまり出てきませんが、見方を知っておくと後々役立つでしょう。

回路図とは?

電子部品をこれから配線していきますが、Chapter 2 と扱う部品が増え、電子回路も増えるにつれて、文章での説明ではわかりづらくなります。

そこで、どの電子部品をどのように配線しているのかを説明するために、**回路図**を利用します。本書では主にイラストと写真を用いて配線を解説します。しかし、回路図の読み方を知っていると、今後電子工作を行う際に役立つはずです。

回路図の読み方

例えば、**図 9** は乾電池と LED ランプ、スイッチを使った回路図です。スイッチのオン・オフで LED ランプの点灯を制御します。

図9 回路図の例

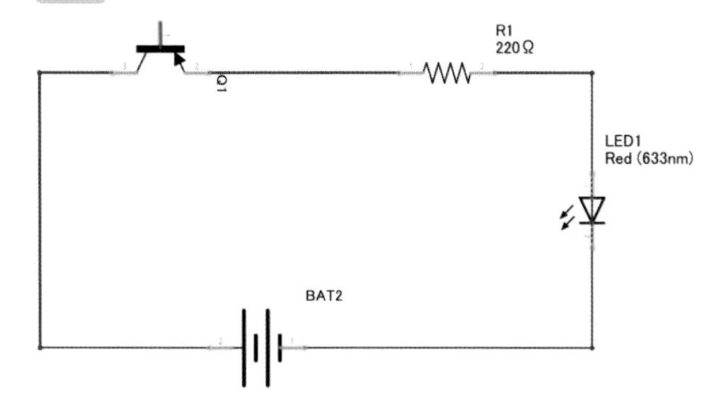

この回路図において、以下のように記号が電源、抵抗、スイッチ、LED ランプを表しています(**表 1**)。

LED ランプの場合は、電源側に差し込むアノードと、GND 側に差し込むカソードがあります。矢印の向きが出ている方がカソード側を表しています。

一方、抵抗の場合も同じように線が二本出ていますが、差し込む向きに違いはありません。したがって、記号を見ても差し込む向きは表現されていません。

表1 回路図の記号の意味

回路図の記号	意味
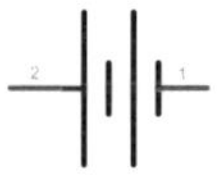	電源
	抵抗
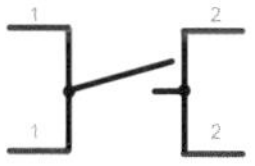	スイッチ
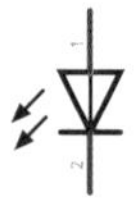	LED ランプ

電子回路を扱う際の注意点

今後、本書では回路図で説明することもありますが、以下の点に注意してください。

1. 部品は正しい向きで取り付ける

LED ランプなどいくつかの電子部品は、**接続する方向を誤ると正しく動作しません。**回路図が示す正しい取り付け方向に注意してください。

2. 抵抗の値を間違えない

抵抗値を誤ってしまうと大きな電気が流れて、発熱したり部品が壊れたりする原因になります。回路図で示されている抵抗値の抵抗を使うようにしてください。

また、抵抗だけでなく、正しい型番の電子部品でないと思わぬ挙動になってしまうこともあり注意が必要です。

3. 配線を変えるときは電源を抜く

正しく動かないときに、配線を変えたり、色々といじったりすることがあるかもしれません。しかし、接続を試すときは、**必ず電源を抜いてからにしてください。**

Arduino であれば、USB ケーブルを抜きます。USB ケーブルから電源が供給されたまま回路をいじってしまうと、思わぬ配線の状態で電気が流れていまい、電子部品が壊れる可能性もあります。

3-4

LEDランプのオン／オフを切り替えよう

ここでは、LEDランプの制御を行うための準備を行います。その基礎として、デジタル入力・デジタル出力について理解しましょう。

スイッチの状態をArduinoで読み込もう

このSectionでは、**デジタル入出力**の機能を扱います。具体的には**GPIO**を利用します。

図10 スイッチを押していると光るLEDランプ

GPIOとは、**Arduinoから電気を出すかどうか（＝電気の出力）、電気が流れているかどうかを調べる（＝電気の入力）仕組みのことです。**色々な電子部品は電気の出力で制御・利用されます。例えば、温度センサーであれば、どれだけ電気が流れているのかがわかることで、そこから逆算して実際の部屋の温度を取得しています。

GPIOを使った電子部品の制御の具体的なサンプルとして、LEDランプとスイッチを使い、スイッチを押している時だけLEDランプが光る回路を作ってみましょう。

デジタル入力・出力とは?

GPIOは、**アナログ、デジタルの両方での入出力が可能です。**まずはデジタルの場合にどのような入力と出力があるかを見ていきます（アナログ入力・出力については次章以降で試しますので楽しみにしていてください）。

デジタルな入出力は電気を出すか出さないか、あるいは電気が来ているか来ていないか、

つまり0か1かというまさにデジタルな制御、判断しか行いません。

GPIOのデジタル入力の機能を使うケースは例えば以下のような場合が考えられます。

・スイッチが押されたことを検知する

スイッチが押されたことを検知します。物理的にスイッチが押されることで電流が流れるような回路にしておけば、そのスイッチが押されると通電されるため、スイッチが押されたと判断することができます。

・センサーの反応を検知する

後の章で扱いますが、人感センサーという電子部品には、人が来た時に電気が流れるものがあります。この仕組みを使うと、人が近づいたことときにLEDランプを点灯させたりゲートを開けたりするなど、色々な用途に応用できます。

次にGPIOのデジタル出力の機能を使うケースを考えてみましょう。

・LEDランプの点灯

Chapter 2で行ったLEDランプの点灯、消灯の制御もデジタル出力によるものです。単一のLEDランプだけでなく、7セグメントと呼ばれるパーツ（内部でLEDを複数点灯させ数字を表現する電子部品）の場合もデジタル出力で制御できます。これらもデジタル出力による制御ができる例です。

図11　7セグメントLED

・ソレノイドの制御

ソレノイドというパーツもデジタル出力によって制御が可能です。ソレノイドとは銅線がコイル状に巻かれ、それが電磁石として働くことによって直線的にものを押したり引いたりすることができます。レジで現金を出し入れするドロアーを開かせるなどの用途で使われています。デジタル出力の仕組みで簡単に制御できるため、例えば時間が来ると物理的にスイッチを押してくれる装置なども作れます。

3-5

スイッチを利用しよう

前の Section で説明したデジタル入力の仕組みを使って、スイッチが押されているかがわかる回路を組んでいきましょう。

スイッチを利用しよう

せっかく回路図の読み方を説明しましたので、今までよりも少し複雑な回路を組んでみます。例として、**タクトスイッチ**を実際に使って、回路図をもとに配線してみましょう。

ここではタクトスイッチと LED ランプを Arduino に接続します。タクトスイッチが押されたことを検知して、押されている間だけ LED ランプが光る仕組みを作ります。

利用するのは以下の電子部品です（**表 2**）。LED ランプは抵抗が入っていないものを使用します。

図12 LEDランプ

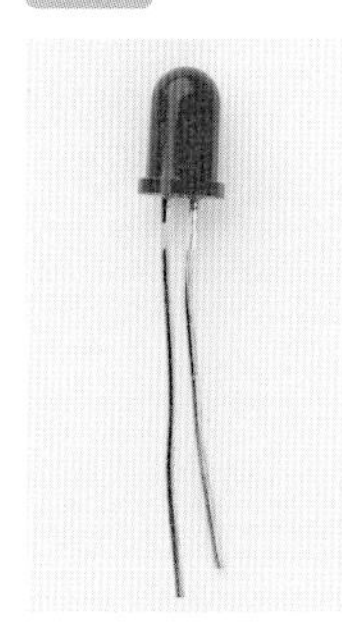

表2 使用する電子部品

部品名	個数
LED ランプ	1 個
抵抗（330 Ω）	2 個
タクトスイッチ	1 個

Memo

タクトスイッチを購入する

タクトスイッチは下記の Web サイトから購入できます。

秋月電子通商：https://akizukidenshi.com/catalog/g/gP-03647/

タクトスイッチの仕組み

タクトスイッチとは、デジタル入力で利用できる電子部品の一種です。見た目の通りスイッチの一種で、**図 13** の通り、上にボタン状のスイッチが付いています。

下からは 4 本の線が出ており、タクトスイッチを上から見たときに並行している線同士ははじめからつながっています。スイッチを押しているときだけ、4 本の線がすべてつながるようになって

図13 タクトスイッチ

います。例えば、**図14** であれば左下の線と右下の線はスイッチを押していない状態ではつながっていませんが、スイッチを押すことでスイッチの内部で線がつながり、電気が流れます。

このスイッチの回路と Arduino のデジタル入力の仕組みと組み合わせて、タクトスイッチが押されているかどうかを判断することができます。

図14 タクトスイッチの仕組み

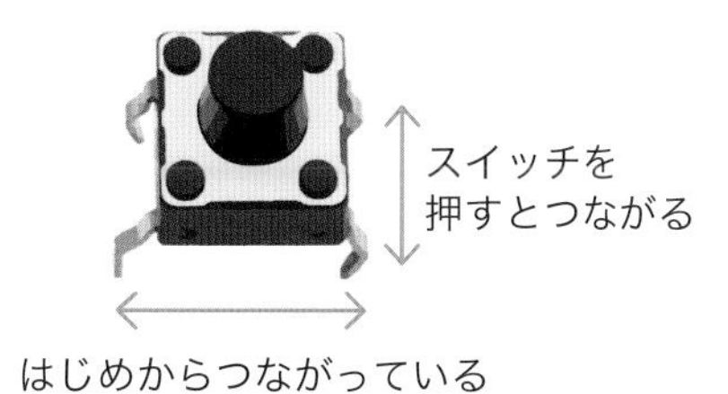

ブレッドボードに必要な電子部品をつなげよう

タクトスイッチをArduinoに接続する

まずはタクトスイッチだけを Arduino につなげる回路から作っていきましょう。まず最初に回路図からお見せします（**図15**）。

前項にてタクトスイッチには４つの足があることを説明しました。その向きに気を付ければこの回路図だけでも配線はできるかもしれませんが、いきなり回路図を見ての配線はわかりにくいところもありそうなので、よりわかりやすいように、表とイラストでも説明します。

図15 タクトスイッチをつないだ回路図

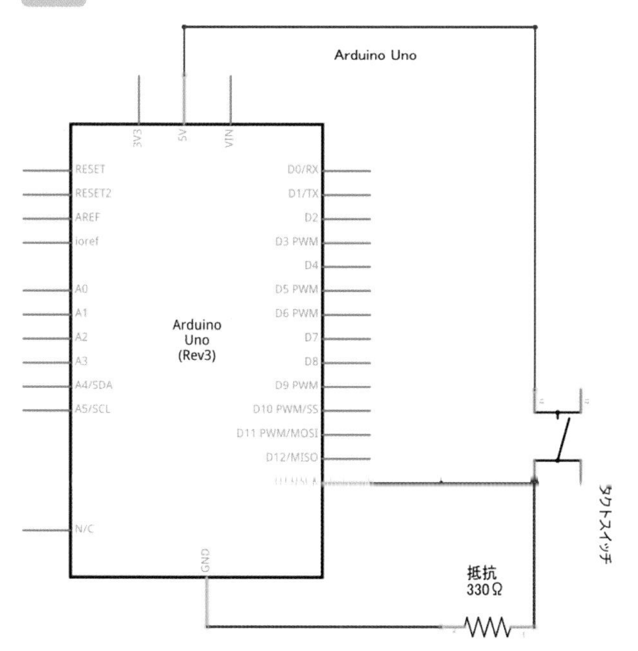

表3 タクトスイッチの接続方法

片方の接続箇所	対応する接続箇所
Arduino の＜ GND ＞	抵抗（330 Ω）の片方の足
抵抗（330 Ω）のもう片方の足	タクトスイッチの足の1つ
抵抗とタクトスイッチがつながっている線	Arduino の＜ 13 ＞ピン
タクトスイッチの片方の足	Arduino の＜ 5V ＞

図16 タクトスイッチの接続図

このように接続することによって、タクトスイッチが押されていないとき、Arduino の＜ 13 ＞ピンは、Arduino の＜ GND ＞につながっている状態となり、電気は流れません。

タクトスイッチを押したときには、Arduino の＜ 5V ＞と＜ GND ＞の間に電気が流れ、その間にある＜ 13 ＞ピンにも通電していることになります。また、抵抗が入っているので過度な電流が流れることもありません。

LEDランプを追加する

では、LED ランプを図 15 の回路に追加して完成となります。作った回路に部品を足せばよいので、解体せずにとっておいてください。

回路図としては**図 17** の通りです。図 15 の回路と違うのは、LED ランプと抵抗が直列に Arduino の＜ GND ＞と＜ 7 ＞ピンにつながるようになっていることです。

図17 回路図

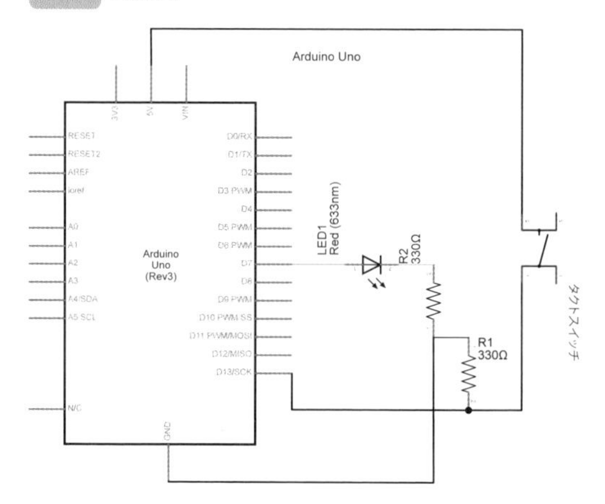

表4 LEDランプを追加する

片方の接続箇所	対応する接続箇所
Arduino の＜ 7 ＞ピン	LED ランプのアノード
LED ランプのカソード	抵抗（330 Ω）の片方の足
抵抗（330 Ω）のもう片方の足	Arduino の＜ GND ＞

図18 LEDランプを追加した接続図

これで配線ができましたので、次の Section でスケッチを記述します。

図19 タクトスイッチを接続した様子

3-6 スイッチの状態を読み込もう

ここまでで組み上げたタクトスイッチとLEDランプの回路をもとに、スイッチの状態を判断するスケッチを書いていきます。

スイッチでLEDランプを光らせるスケッチを書こう

それでは、タクトスイッチとLEDランプの回路を作ったので、スケッチを書いていきます。ここでは以下の2つのスケッチを書きます。

1. タクトスイッチを押している間LEDランプを光らせるスケッチ
2. タクトスイッチを一度押すとLEDランプが光り、もう一度押すとLEDランプが消えるスケッチ

同じ回路でもスケッチによって違う動きをさせることができます。まずは、1のスケッチを書いてみましょう。

●利用するピンを指定しよう

前項通り接続していれば、LEDランプとタクトスイッチは以下のようにつながっているはずです。

表5 LEDランプとタクトスイッチの接続方法

片方の接続箇所	対応する接続箇所
LEDランプのアノード	Arduinoの＜7＞ピン
タクトスイッチ	Arduinoの＜13＞ピン

LEDランプを点灯させるにはGPIOでデジタル出力を行い、**＜7＞ピンに対してdigitalWrite関数を使うことで点灯を制御します。** どのようなコードになるかおさらいしましょう。

リスト1 LEDランプの点灯（＜7＞ピンに接続）

```
digitalWrite(7, HIGH);
```

リスト2 LEDランプの消灯（<7>ピンに接続）

```
digitalWrite(7, LOW);
```

タクトスイッチが押されているかどうかは、GPIOのデジタル入力を使い、＜13＞ピンに対して**digitalRead関数**を使うことで調べることができます。この2つの関数を使いスケッチを書いていきます。

リスト3 タクトスイッチが押されている（<13>ピンに接続）

```
digitalRead(13); // 戻り値がtrueを返す
```

リスト4 タクトスイッチが押されていない（<13>ピンに接続）

```
digitalRead(13); // 戻り値がfalseを返す
```

Memo digitalRead関数

書式：digitalRead(<ピン番号>)
引数で指定された番号のピンに電流が流れていればTrueを、流れていなければFalseを戻り値として返す

「if文」で条件分岐させよう

では、タクトスイッチを押している間だけ、LEDランプが点灯するようにスケッチを書きましょう。

このスケッチでは、初めて**if文**という文法が登場します。if文というのは、**「もし、こういう条件だったら、こういうコードを実行する」という時に使う文法です。**今回の場合は、「タクトスイッチが押されていたら」を条件に、

もしも、タクトスイッチが押されていたら→LEDランプを点灯
もしも、タクトスイッチが押されていなかったら→LEDランプを消灯

という書き方をしてみましょう。

リスト5 タクトスイッチを押している間だけ光る

```
#define LED 7
#define SWITCH 13

void setup() {
  pinMode(LED, OUTPUT);
  pinMode(SWITCH, INPUT);
}

void loop() {
  if (digitalRead(SWITCH)) {
    digitalWrite(LED, HIGH);
  } else {
    digitalWrite(LED, LOW);
  }
}
```

ポイントとなるのは、digitalRead関数を使い**if文**で分岐しているところです。3がその分岐にあたります。

スケッチの内容を順番に見ていきましょう。まず、1の**#define**のうしろで「LED 7」と書いています。このとき、**このスケッチの中ではLEDという部分が「7」、つまりArduinoの＜7＞ピンを表すようになります。**同様に、「#define SWITCH 13」と書くと、SWITCHが「13」（Arduinoの＜13＞ピン）を表すことになります。

今回LEDランプがつながっているのはGPIOの＜7＞ピンですが、こうすることによってLEDランプを点灯させるために、

```
digitalWrite(7, HIGH);
```

とスケッチを書くところを、

```
digitalWrite(LED, HIGH);
```

と書くことができます。この方が、いちいち＜7＞ピンがLEDランプとつながっていると意識する必要がなく、スケッチを読むことができて分かりやすくなるため、最初に#defineを使っています。

Memo #define

書式：#define < 名前 > < 置き換わる数字や文字列 >

次に 2 では、setup 関数を定義していて、pinMode 関数を使い、LED ランプ用とタクトスイッチ用に GPIO の設定をしています。今回は、LED ランプのつながっている＜ 7 ＞ピンを GPIO の出力用に、タクトスイッチのつながっている＜ 13 ＞ピンを、GPIO の入力用に設定しています。

そして、最後の 3 に出てくる **if 文**が、今回のスケッチの重要な部分です。if 文は、**ある条件が真のとき（または偽のとき）は、特定のコードを実行するといった書き方ができます。**

Arduino 言語において、データにはいくつか種類があり、その中の 1 つに値が真か偽かどちらかの **boolean 型**という種類があります。digitalRead 関数は、電気が流れていれば真を返し、電気が流れていなければ偽を返します。そういった boolean 型のデータを返す関数と if 文を組み合わせることで、条件の真偽に応じて動きを制御することができます。

ここでは、タクトスイッチに電気が流れているかどうかを条件にしています。電気が流れているかを調べ、真のとき（電気が流れているとき）は digitalWrite(LED, HIGH) が実行され、偽のとき（電気が流れていないとき）は digitalWrite(LED, LOW) が実行されます。こうすることで、**図 20** のようにタクトスイッチが押されている間は LED ランプが点灯することになります。

図20　押している間点灯しているところ

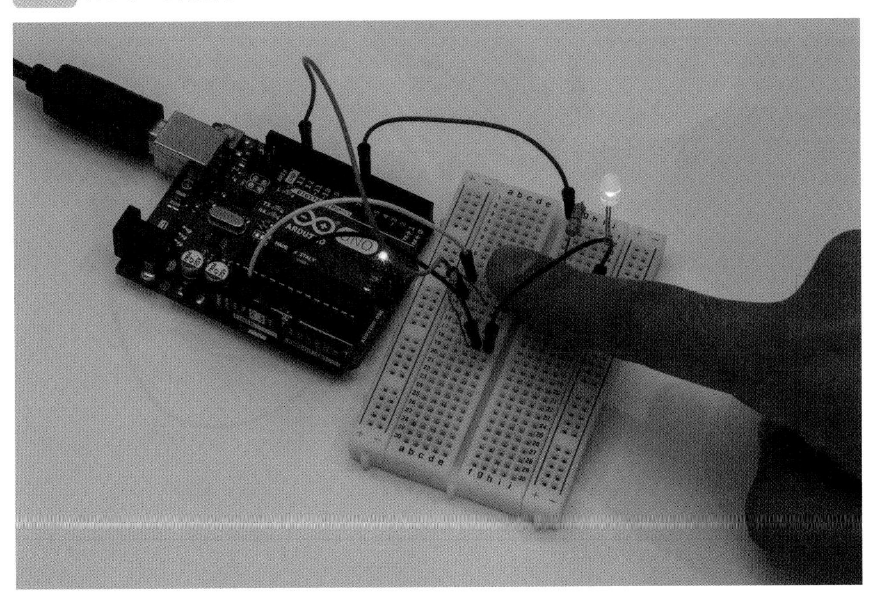

Memo if 文

真のときに特定のコードを実行させる場合

書式 1：

```
if(< ブール型を返す条件 >){
 // 真の場合のみここに書いたスケッチが実行されます
}
```

真のときに特定のコードを実行させ、偽のときは違うコードを実行させる場合

書式 2：

```
if(< ブール型を返す条件 >){
  // 真の場合のみここに書いたスケッチが実行されます
} else {
  // 偽の場合のみここに書いたスケッチが実行されます
}
```

リスト 5 の場合、if 文の書式 2 を使い、digitalRead(SWITCH) の結果が真の場合（電気が流れている場合）に、

```
digitalWrite(LED, HIGH);
```

が実行されることで LED ランプが点灯し、digitalRead(SWITCH) の結果が偽の場合（電気が流れていない場合）に、

```
digitalWrite(LED, LOW);
```

が実行され LED ランプが消灯します。

3-7

状態の変化を読み込もう

スイッチを押している間に光るのではなく、押すたびに点灯・消灯が切り替わるようにしましょう。そのためには「変数」を利用してスイッチの状態を記憶できるようにします。

「変数」を利用して情報を記憶させよう

それでは2つ目のスケッチについて考えます。一度タクトスイッチを押すとLEDランプが点灯し、もう一度押すと消灯、さらにもう一度押すと再び点灯するというように、スイッチを押すことによってLEDランプの点灯・消灯を変化させるスケッチです。

1つ目のスケッチでは、押している間だけ光っていました。今回の場合は、今は点灯すべきかどうかという状態を管理する仕組みが必要になります。

具体的には、今LEDランプを点灯中かどうかという**変数**を用意します。

変数とは

変数というのは、名前をつけた箱のようなものです。Aという箱に最初に100という数字を入れておいて、その後に10という数字を入れなおすことができるような、**途中でデータの中身をいじれるものが変数になります。**

スケッチが動いている間に値が変わるものは変数を利用します。例えば、キッチンタイマーのスケッチを書く場合を考えましょう。最初は180秒（3分）という値がどんどん減っていき、0秒になると音でお知らせするという動きをするとき、残り時間を管理するために、変数を使います。

ここでは、変数LEDOnを用意して、タクトスイッチを押すごとに中身を切り替えるようにします。以下のような書式で書きます。

リスト6 変数LEDOnでタクトスイッチの状態を管理する

```
boolean LEDOn = false;
```

電源を入れたときの状態を消灯とするため、falseを代入しています。

図21 LEDOnが真の場合は点灯する　**図22** LEDOnが偽の場合は消灯する

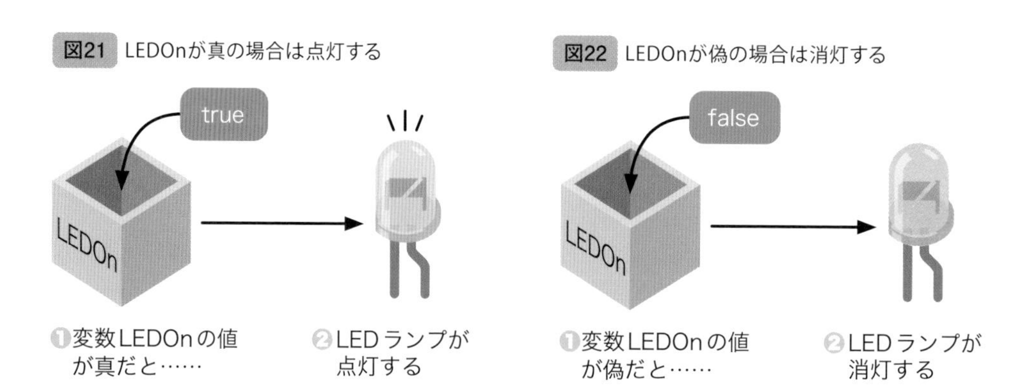

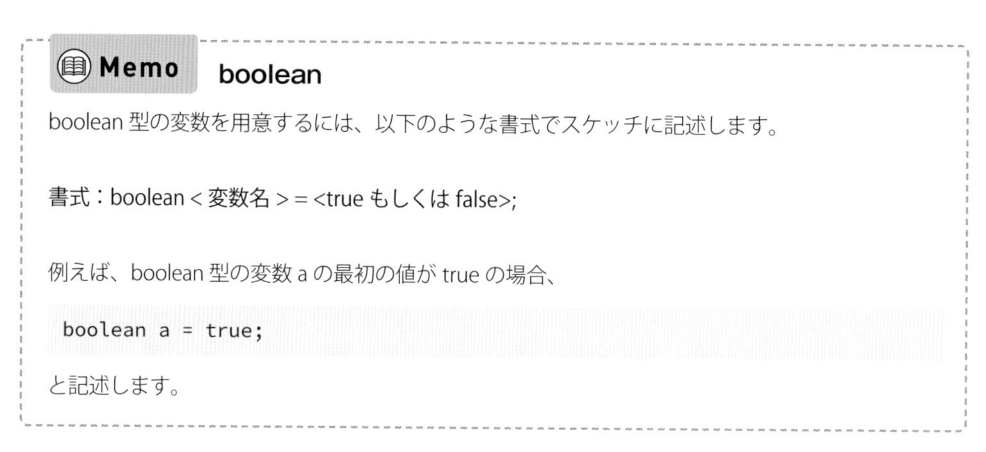

Memo **boolean**

boolean 型の変数を用意するには、以下のような書式でスケッチに記述します。

書式：boolean < 変数名 > = <true もしくは false>;

例えば、boolean 型の変数 a の最初の値が true の場合、

```
boolean a = true;
```

と記述します。

変数を使ったスケッチを書こう

LEDOn を使ったスケッチは以下のようになります。

リスト7 スイッチを押すと点灯・消灯を切り替える（?）

```
#define LED 7
#define SWITCH 13

boolean LEDOn = false;

void setup(){
        pinMode(LED, OUTPUT);
        pinMode(SWITCH, INPUT);
}
void loop() {
  if (digitalRead(SWITCH)) {
    if (LEDOn) { 1
```

```
      LEDOn = false; 2
      digitalWrite(LED, LOW); 3
    } else {
      LEDOn = true; 4
      digitalWrite(LED, HIGH); 5
    }
  }
}
```

LEDランプの点灯消灯を切り替えるコードがメインになっています。

まず、1でLEDOn変数が真かどうかを判定します。そして、2で真のときは偽に変更し、3でLEDOnが偽に変更したのでLEDランプを消灯します。

逆に、LEDOnが偽のときは4で真に変更して、5でLEDOnが真に変更したのでLEDランプを点灯しています。

●スケッチを完成させる

ただし、このスケッチの通り書き込んでも、実は思うように動いてくれません。

どういうことかというと、Arduinoが動いている間、loop関数は絶えず実行されているので、タクトスイッチを一瞬だけ押したとしても、その間中ずっとloop関数は呼ばれ続けていることになります。そうすると、人の目には一瞬押したように見えても、loop関数の中ではdigitalRead関数が呼ばれ続け、押している間は真になります。**結果、digitalRead(SWITCH)が実行されるとその内部ではLEDOnを反転させる（真を偽にし、偽を真にする）というコードが目まぐるしく実行され続けます。**そのため、一度押したごとに正しく点灯が切り替わらないことがあります（たまたまうまく切り替わったように見えることもあります）。

そこで、**今回のスケッチを実装するためにもう1つswitchOnという変数を用意します。**タクトスイッチが押されたということを検知するための変数です。タクトスイッチの状態を覚えておいて、loop関数が呼ばれたとき、前は押されていなかったのに押されたことが分かったときだけ、LEDランプの点灯・消灯を判断します。

図23 digitalRead(SWITCH)が繰り返し呼び出される

図24 状態が変わったことを検知してLEDランプを点灯・消灯させる

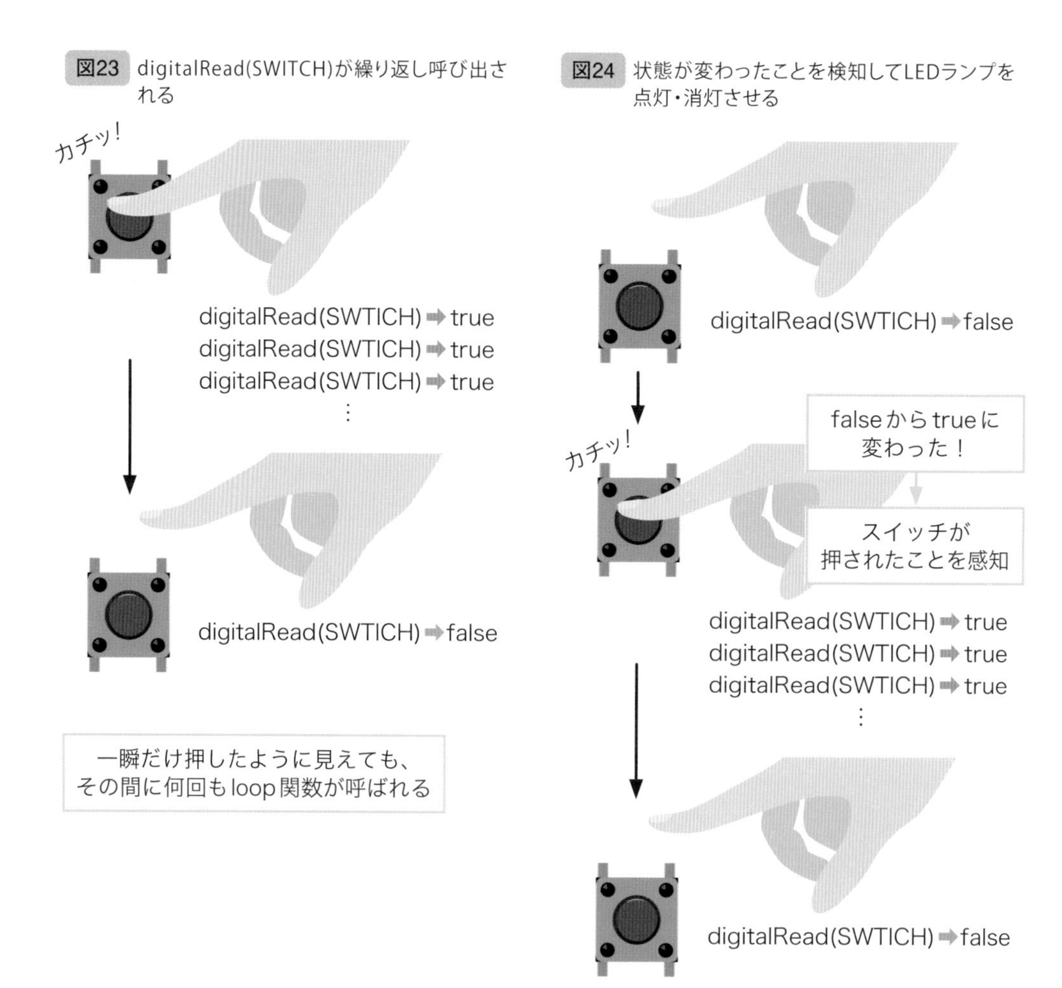

loop関数が呼ばれるごとに、このswitchOnにdigitalRead(SWTICH)の値を保存しておきます。そうすることで、前は押されていなかったが今は押されたというときだけLEDランプの点灯を切り替えれば狙い通りのプログラムになります。

完成系は以下の通りです。

リスト８ スイッチを押すとLEDランプの点灯・消灯を切り替える（完成版）

```
#define LED 7
#define SWITCH 13

boolean LEDOn = false;
boolean switchOn = false;  ] 1

void setup() {
  pinMode(LED, OUTPUT);
  pinMode(SWITCH, INPUT);
}

void loop() {
  if (digitalRead(SWITCH) && !switchOn) { 2
    if (LEDOn) {
      LEDOn = false;
      digitalWrite(LED, LOW);
    } else {
      LEDOn = true;
      digitalWrite(LED, HIGH);
    }
  }
  switchOn = digitalRead(SWITCH); 3
}
```

最初に、1で２つの変数が偽の状態ではじめるようにしています。

そして、2ではタクトスイッチの状態を判定しています。今はスイッチが押されていて、かつ前に調べた時は押されていなかった、つまり押された瞬間を検知するようになっています。この条件を満たすときだけif文の条件が真になるようになっています。

ここで&&という記号が初めて出てきました。これは**&&の左の式と右の式が両方とも真であれば真を返す演算子**になります。**AND演算子**と呼ばれるもので、以下のように振る舞います。

表6 AND演算子

条件の真偽	結果の真偽
false && false	false
false && true	false
true && false	false
true && true	true

もうひとつ、見慣れない記号としてswitchOnの変数の前に**!**がついています。

これは、**真であれば偽を返し、偽であれば真を返すという演算子**です。振る舞いとしては以下のようになります。

表7 「!」

!の後ろの真偽	結果の真偽
true	false
false	true

この&&と!を踏まえて2のif文の式をもう一度見てみましょう。

```
digitalRead(SWITCH) && !switchOn
```

これはつまり、digitalRead(SWITCH)がtrueであり、同時にswitchOnがfalseであるときにifの条件に合致するということになります。

そして、3で、digitalRead(SWITCH)の値をswitchOnに入れています。loop関数の中で入れておくことで、2のswitchOnの値が、1つ前のloop関数が呼ばれたときのタクトスイッチの状態（＝digitalRead(SWITCH)の真偽）を保持することになります。そうすると、タクトスイッチが押された瞬間（正確にはdigitalRead(SWITCH)が偽を返していたのに、次にloop関数に入った時には真を返したタイミング）を知ることができるようになり、うまく動くようになります。実際にArduino IDEからスケッチを送り込んで試してみてください。

図25 一度押すと光るLEDランプ

Memo

スケッチを書き換える場合

「digitalRead(SWITCH) && !switchOn」が複雑でわかりづらいときは、以下のように書き換えることもできます。

```
digitalRead(SWITCH) && switchOn == false
```

ここに出てくる「==」はその左右が等しいという意味です。switchOn == falseであれば、switchOnが偽であることを意味します。

Chapter 4

高度な制御をしてみよう —アナログ入出力とシリアル通信を覚えよう

4-1

電気を段階的に制御しよう

Arduino ができる操作は電気を流す・流さないという 2 通りだけではありません。「センサーが読み取った値の大きさを判断する」「流す電気の大きさを段階的に調整する」といったことも可能です。これらはアナログ入力・アナログ出力と呼ばれます。

アナログ入力・出力とは?

Chapter 3 までは GPIO について扱いました。GPIO により、電気が流れているのかいないのかという情報を知ることができ、また電気を流す・流さないという操作によって LED ランプの点灯を行いました。まとめると以下のようなイメージです。

入力側：電気が流れて来ているか、流れて来ないかの 2 通り
出力側：電気を流すか、流さないかの 2 通り

これらはすべてオンかオフのいずれかしか判定していませんでした。このように、オン・オフの 2 通りしかないやりとりのことを、**デジタル入力・デジタル出力**と呼びます。

図1　デジタル入力とデジタル出力

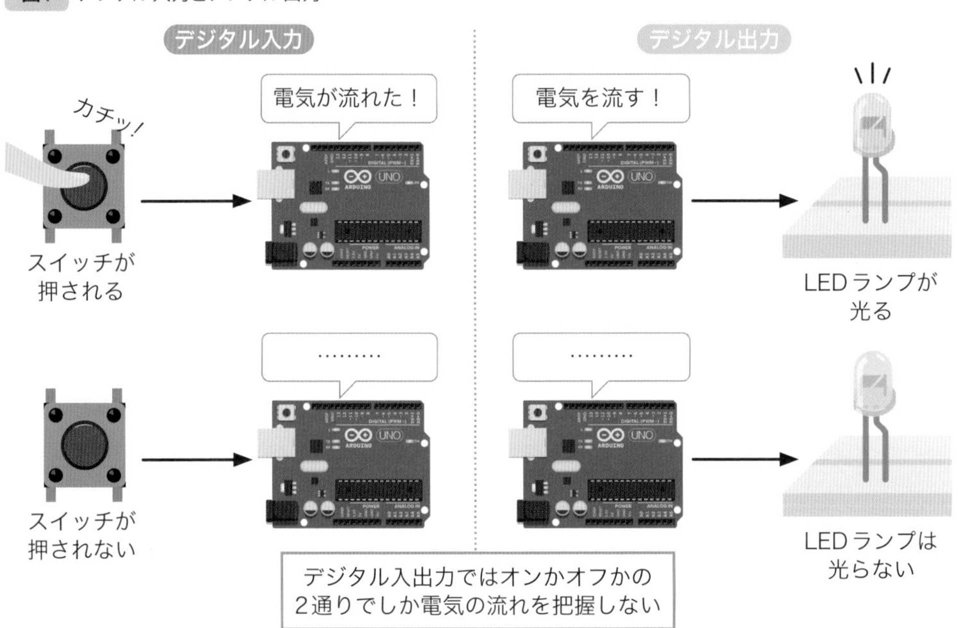

一方、本章で扱うGPIOの操作は以下のようなイメージです。

入力側：電気がどれくらい流れて来ているのかを段階的に把握
出力側：電気をどれだけ流すかを段階的に制御

このように、Arduinoではオン・オフのいずれかだけではなく、細かい電気の流れも把握することができます。また、送る電気の流れも細かく調整できます。

こうした段階的な入出力のことを、**アナログ入力・アナログ出力**と呼びます。

図2 アナログ入力とアナログ出力

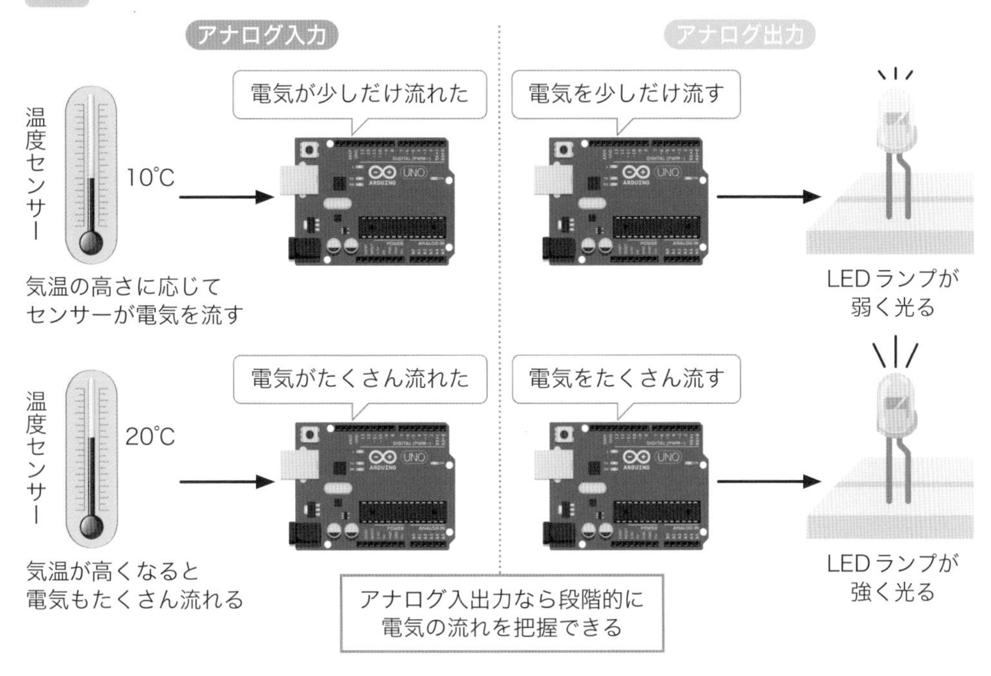

PWM出力の仕組み

まずはアナログ出力から説明します。Arduinoの場合、アナログな出力を行うための機能として**PWM（Pulse Width Modulation）**というものを使います。

PWMとは、**電圧を出す/出さないを短い時間の中で繰り返すことによって、電圧に段階を持たせることです。**電圧のオン・オフの繰り返しの中で電圧が出ている割合が高ければ、電圧はArduinoとして出せる最大値である5Vに近づき、電圧が出ていない割合が高ければ、0Vに近い電圧のように見える仕組みです。そのため、厳密な意味では疑似的にアナログな電圧を出しているとも言えます。

図3 PWMの概念

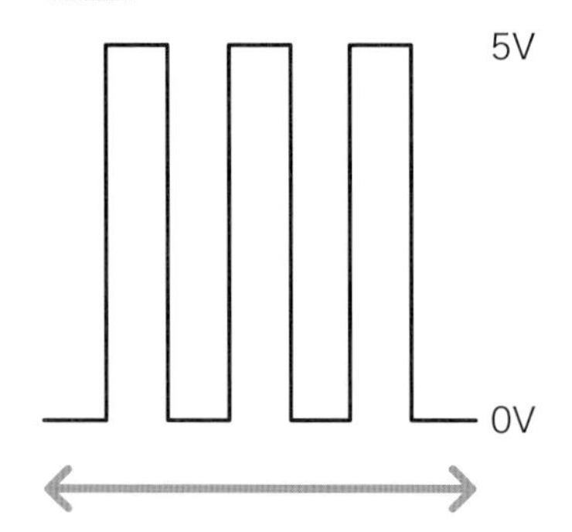

一定時間の中で電圧が出ている・出ていないを繰り返す
短い時間でみると0Vか5Vのどちらかしかないが
長い時間の中だと中間の電圧を
かけているかのように見える

これまで扱ってきたdigitalWrite関数は、PWMの仕組みを使わず

digitalWrite(<GPIO のピン番号 >, HIGH)

と書けば5Vの電圧が出続け、

digitalWrite(<GPIO のピン番号 >, LOW)

と書けば電圧が0Vになるという関数でした。一方、アナログ出力の場合には**analogWrite関数**を使います。

●analogWrite関数

analogWrite(<GPIO のピン番号 >, 0から255の数字)

analogWrite関数の第一引数は、digitalWrite関数と同じくGPIOのピン番号です。第二引数はPWMによるアナログ出力の値になります。**アナログ出力の値は0から255の256段階で表現します。**例えば、0の場合には常に電圧が出ておらず（0V）、255の場合には最大の5Vの電圧が出ます。真ん中の値の128を与えると、半分はHIGHの状態、残りの半分はLOWの状態を繰り返します。

図4 analogWrite関数の第二引数を128にした場合

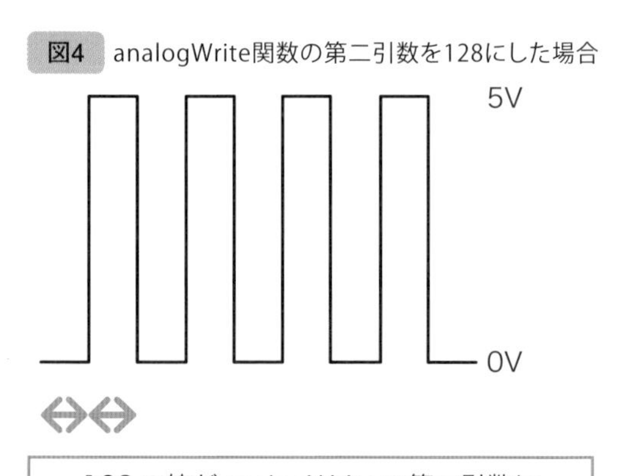

128の値がanalogWriteの第二引数に
与えられた場合、0Vと5Vの割合がほぼ一定

また、PWM出力を使う際にもう1つ大事なことがあります。**Arduinoでは PWM 出力できるピンが限られていることです。**デジタル出力の場合は0番から13番までの14個のGPIOが使えましたが、**PWM出力の場合はGPIOの3、5、6、9、10、11番ピンだけになります。**それ以外のピンはPWM出力を利用できないので注意してください。PWM出力できるかどうかは、Arduinoを見ても分かるようになっています。**PWM出力ができる3・5・6・9・10・11番ピンには、数字の前に～（チルダ）がついています。**この記号があるピンがPWM出力ができることを表しています（**図5**）。

図5　PWM出力できるピン

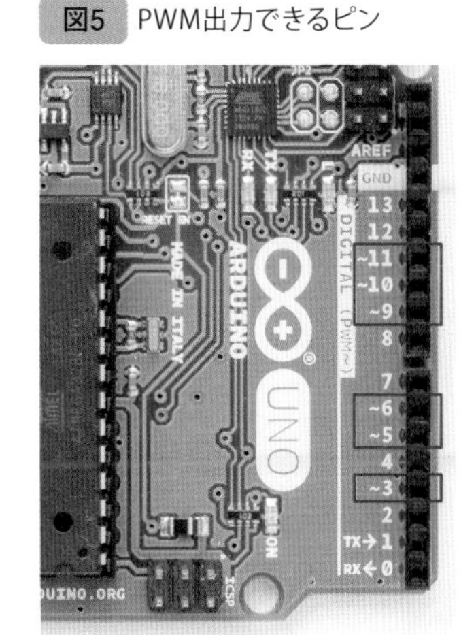

PWM出力でできること

PWM出力を使うとできる例を挙げてみましょう。例えば、**LEDランプの明るさに変化を持たせることができます。**digitalWrite関数を使ったデジタル出力の場合、オンかオフの状態しかありませんでした。しかし、PWM出力（＝アナログ出力）の場合、ほんのり点灯させたり、じわじわと明るくさせたりといったことを実現できます。LEDランプの明るさの制御は、本章で具体的に手を動かして実際に行ってみましょう。

そのほかにも、**モーターの速度もPWM出力を用いて制御できます。**こちらは実践編のChapter 6で行っているので、そちらを参考にしてください。

図6　じわじわ明るくなるLEDランプ

図7　モーターの制御

センサーでアナログ入力・出力を体験しよう

この章ではアナログ出力、アナログ入力の使い方を覚えるために、LED ランプを Chapter 3 とは違った光らせ方をします。まずはアナログ出力の基本として、前述した**ゆっくりとじわじわ明るくなる LED ランプ**を作ります。

さらに、アナログ入力を利用している例として、**明るさセンサー**を使ってみます。明るさセンサーは周囲の明るさに応じて電圧の大きさを変えることができますが、これを利用して**周囲が暗いほど明るくなる LED ランプ**を作ってみましょう（図 8）。明るさの変化に応じて変わる電圧を Arduino が読み取るとき、アナログ入力が使われます。

さらに本章では、**シリアル通信**という、Arduino とパソコンで情報をやりとりする方法も試してみます。アナログ入力・出力とは直接関係ないですが、Arduino の機能のひとつなのでここで覚えましょう。

図8 明るさセンサーにつながったLEDランプ

4-2

アナログ出力を利用しよう

PWM を利用してアナログ出力を行います。まずは LED ランプを使う点はデジタル出力のとき同様ですが、Arduino のピンはアナログ出力の場合限られていることに注意しましょう。

PWMでアナログ出力しよう

では、analogWrite 関数を使って LED ランプの明るさを制御するための回路を作っていきましょう。

LED ランプを光らせるための必要部品は、デジタル出力をしていたときと同じです。

表1 LEDランプのアナログ出力に必要な部品

部品名	個数
LED ランプ	1 個
抵抗（330 Ω）	1 個

LEDランプを使った回路を作ろう

これらをブレッドボードに配置していきましょう。**表 2** や**図 9** のように配線していってください。ポイントは、**PWM 出力ができる GPIO の＜ 3 ＞ピンを使っていることです。**

表2 LEDランプの接続方法

片方の接続箇所	対応する接続箇所
Arduino の＜ 3 ＞ピン	LED ランプのアノード
LED ランプのカソード	抵抗の片方の足
抵抗の片方の足	Arduino の＜ GND ＞

アノードとカソード

アノードはLEDランプの長い方の足で、対してカソードは短い方の足です（50ページ参照）。

図9 LEDランプの接続図

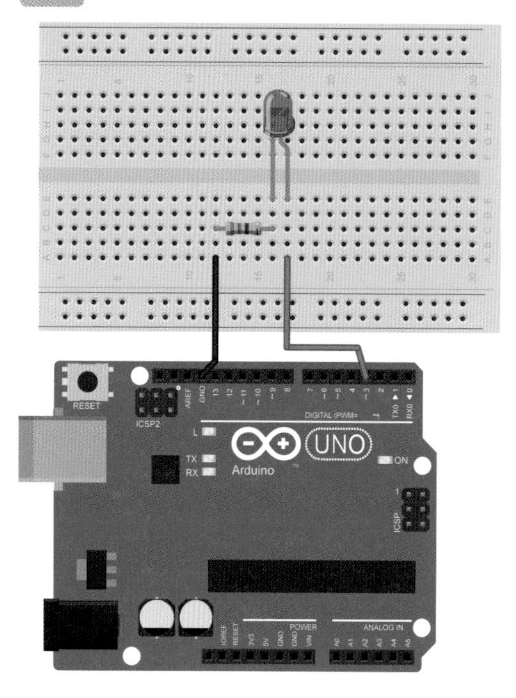

図10 LEDランプを接続した様子

4-3

LEDランプをゆっくり点灯させよう

PWM制御を行うスケッチを作成します。さらに「for文」を使うことで、徐々にLEDランプの明るさが変わるようにスケッチを書き換えるところまで挑戦してみましょう。

PWM制御を行う関数を使おう

それではLEDランプをゆっくり点灯させるスケッチを書いていきます。

すでに説明しましたように、PWMの制御を行うための関数は、**analogWrite関数**を使います。4-2ですでにLEDランプはArduino＜3＞ピンとつながっているかと思います。このとき、

```
analogWrite(3, 0);
```

と書くと、PWMの出力としては信号が出ていない状態となり、

```
digitalWrite(3, LOW);
```

と書いたことと同じ意味になります。逆に、

```
analogWrite(3, 255);
```

と書くと、

```
digitalWrite(3, HIGH);
```

と書いたことと同じ意味になります。このanalogWrite関数の第二引数にどの数値を渡すかで光り方が変わってきます。

実際の明るさを試すために、以下のようなスケッチを書いてArduino IDEからArduinoに転送してみてください。

リスト1では、**1** のanalogWrite関数の第二引数に255という値を渡しています。この数値を0から255までの範囲で例えば50、150、200といった数字に書き換えて実際にどの程度の明るさになるか調べてみましょう。**図11、12**のように、明るさが変わるはずです。

リスト1 analogWrite関数を試す

```
void setup() {
  pinMode(3, OUTPUT);
  analogWrite(3, 255); 1
}

void loop() {
}
```

図11 はっきり光るランプ

図12 ぼんやりとした明るさのLEDランプ

Memo **pinMode 関数**

書式：pinMode(<Arduino のピン番号 >, <INPUT か OUTPUT かの指定 >)
指定した番号のピンが入力か出力か設定します（48 ページ参照）。

「for文」で繰り返しの処理を行おう

analogWrite 関数の第二引数を変えることで明るさが変わっていくことが分かったところで、今度は明るさを自動的に変えるスケッチを書いてみます。0.02秒（20 ミリ秒）おきに第二引数を 0 から 255 へ少しずつ変化させることで、自動で明るさを調整します。スケッチは以下のようになります。

リスト2 自動でLEDランプが徐々に明るくなる

```
void setup() {
  pinMode(3, OUTPUT);
}

void loop() {
  for (int i = 0; i <= 255; i++) { 1
    analogWrite(3, i); 2
    delay(20); 3
  }

  for (int i = 0; i <= 255; i++) { 4
    analogWrite(3, 255 - i); 5
    delay(20);
  }
}
```

for文

ここで新しい文法が登場します。**1**で使われている**for文**です。

for文は**その中に書いてあるコードを繰り返すために使います**。

リスト3 for文の書式

```
for (初めに一度だけ行われる処理; 繰り返してよいかの条件; 繰り返しの度に行われる処理) {
  // ここの内容を繰り返す
}
```

リスト2の**1**の場合、0から255になるまで変数iの数字を1ずつ増やしていくことを繰り返すために、

```
for (int i = 0; i <= 255; i++)
```

と表現しています。forの括弧の内容を分解すると**表3**のようになります。

表3 for文の内容

括弧の中身	意味
int i = 0	初めに一度だけ行われる処理
i <= 255	繰り返す条件
i++	繰り返しの度に行われる処理

順に流れを確認していきます。まずforのところまで来ると、

```
int i = 0;
```

が実行されるので、変数iがintという型として宣言されます。**int型**というのは**整数を格納するための型**です。Arduino Unoの場合だと、**-32768から32767の数を入れることができます**（Arduinoの種類によってはもっと大きい数が格納できる整数型もあります）。そしてその変数iには0が最初の値として代入されます（**図13**）。それがint i = 0の意味です。

図13 int i = 0

「int」という箱に「i」と名前を付け、「0」という値を入れる

このforは変数の初期化をしたあと、処理を繰り返してよいかの条件を調べます。それが、"i <= 255"の部分にあたります。**<=は数学に出てくる不等号と同じ意味**で、変数iの数字が255以下かどうかという判定のために使います。つまり、

- 変数iが1のとき：0 <= 255 → 真
- 変数iが2のとき：1 <= 255 → 真
- 変数iが255のとき：255 <= 255 → 真
- 変数iが256のとき：256 <= 255 → 偽

となります。"int i = 0"が実行された直後なので、変数iには0が入っています。すると、当然"i <= 255"の条件を満たすため、for文の中に入っている波括弧の中の**2** **3**を実行します。これが一度目の処理の実行になり、それが終わると次に"繰り返しの度に行われる処理"を行います。これは"i++"の部分に該当します。i++というのは**変数iに入っている数を1つ加算する処理**であり、最初変数iに入っていた0から1に中身が変化します。

> **Memo　インクリメントとデクリメント**
>
> 1つ数を加算することをインクリメントと呼び、1つ数を減算することをデクリメントとよびます。
> （例）　int i = 10;
> i++ //iの数を1プラスするので、iの数は11になる。
> i-- //iの数を1マイナスする。iの数は11から1引いた10になる。

次に、繰り返す条件である"i <= 255"を再度調べます。一度繰り返した時点ではまだ条件を満たすのでfor文の中身を実行する、それが終わると再度"i++"を行い、変数iが255以下かどうか調べては、まだ255になっていないのでfor文の中身を繰り返す……という処理を繰り返すことになります（**図14**）。

図14　for文の概念図

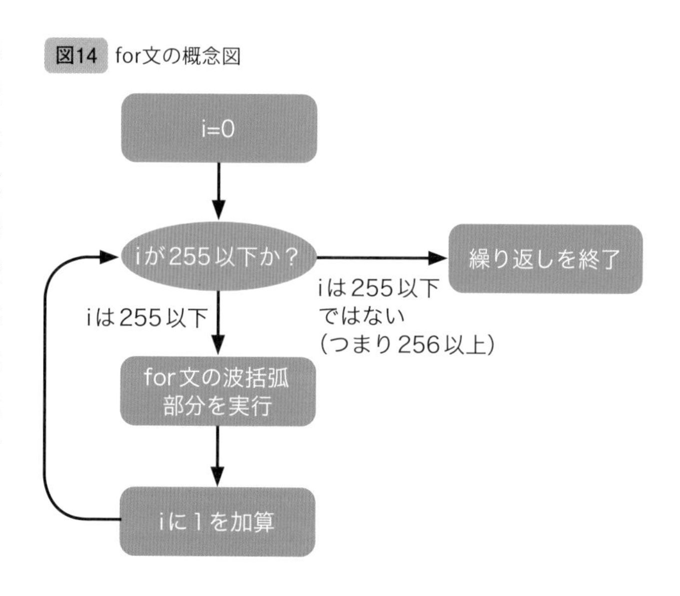

analogWrite関数の変化

1 のfor文で繰り返されるのは、2 と 3 の部分になります。まず、2 ではiの値をanalogWrite関数の第二引数にしてPWM出力を行うことで、LEDランプの明るさを制御しています。変数iには、0から255までの数字が入るのでので、以下のような処理が行われます。

for文の1回目….変数iの値は、0 → analogWrite(3, 0);
for文の2回目….変数iの値は、1 → analogWrite(3, 1);
for文の3回目….変数iの値は、2 → analogWrite(3, 2);
⋮
for文の254回目….変数iの値は、253 → analogWrite(3, 253);
for文の255回目….変数iの値は、254 → analogWrite(3, 254);
for文の256回目….変数iの値は、255 → analogWrite(3, 255);

iは最初0から始まり、255になったところまで繰り返されるので合計256回繰り返されることになります。0から数字が始まるので少し混乱するかもしれませんが、0から255までの数字は0も含めて256通りあることを念頭において考えれば理解しやすいと思います。

次に、3 は、delay関数を使って0.02秒（20ミリ秒）待機しています。この関数がないとすぐに0から255までのPWM出力が終わってしまうので、analogWrite関数を呼んでから必ず待機する時間を設けています。ここまでのスケッチによって、徐々に明るさが増していくような制御をしています。

Memo　delay関数

スケッチの内容を遅らせる関数。詳しくは53ページ参照。

徐々に暗くなるスケッチ

4 のfor文は、1 の書き方と同じです。0から255までの数字が変数iに代入され、繰り返し処理が行われます。

そのfor文の中で、5 はanalogWrite関数を使ってLEDランプの明るさを制御しているのですが、2 のanalogWrite関数と違うところがあります。2 のanalogWrite関数が

```
analogWrite(3, i);
```

と書いているのに対して、5 のanalogWrite関数は

```
analogWrite(3, 255 - i);
```

と書いています。**2** の方は変数 i をそのまま analogWrite 関数に渡していますが、**5** の方は、255 から i を引いた値を analongWrite 関数に渡しています。こうして 255 から変数 i を引き算をすることによって、**5** の analogWrite 関数に渡る数字は以下のように変化していきます。

for 文の 1 回目 …. 変数 i の値は、0 → analogWrite(3, 255);
for 文の 2 回目 …. 変数 i の値は、1 → analogWrite(3, 254);
for 文の 3 回目 …. 変数 i の値は、2 → analogWrite(3, 253);
⋮
for 文の 254 回目 …. 変数 i の値は、253 → analogWrite(3, 2);
for 文の 255 回目 …. 変数 i の値は、254 → analogWrite(3, 1);
for 文の 256 回目 …. 変数 i の値は、255 → analogWrite(3, 0);

つまり、255 から 0 になっていくことで、**明るさが減少していくようなスケッチを書いています。**

これによって 1 つ目の for 文では 0 から徐々に 255 の明るさになり、逆に 2 つ目の for 文では 255 から徐々に 0 の明るさに変化するようになっています。実際にスケッチを Arduino IDE に書いて、転送してみてください。

図15 徐々に明るさが変化するLEDランプ

4-4 明るさに応じてLEDランプを点灯させよう

アナログ出力に次いでアナログ入力も行います。アナログ出力同様、アナログ入力も使えるピンが決まっています。また、デジタル出力とはスケッチでの設定も異なるので、特徴を覚えておきましょう。

アナログ入力の仕組み

前の Section までで、アナログ出力の方法を学んできました。ここでは**アナログ入力**について説明します。

アナログ出力では、PWM によって電圧の出力の制御が可能でしたが、アナログ入力では、逆に電圧を調べることに PWM を使います。

デジタル入力の場合は、電圧があるかないかという 2 種類の判定しかできませんでした。対して、アナログ入力は **1024 段階で電圧を読み取ることができます。**

Arduino では、0V から 5V までの電圧が受け取れます。それを 0 から 1023 までの 1024 段階で分けるので、アナログ入力で読み取った数字が 0 なら 0V、半分の 512 なら 2.5V、1023 なら 5V という計算になります。この 0 から 1023 までの数値はスケッチにも利用するので、覚えておいてください。

注意点として、**Arduino Uno の場合はアナログ入力に使えるピンが決まっています。** A0、A1 というように番号が振られているピンがアナログ入力に使用できるピンです（図 16）。

図16 アナログ入力に使用できるピン

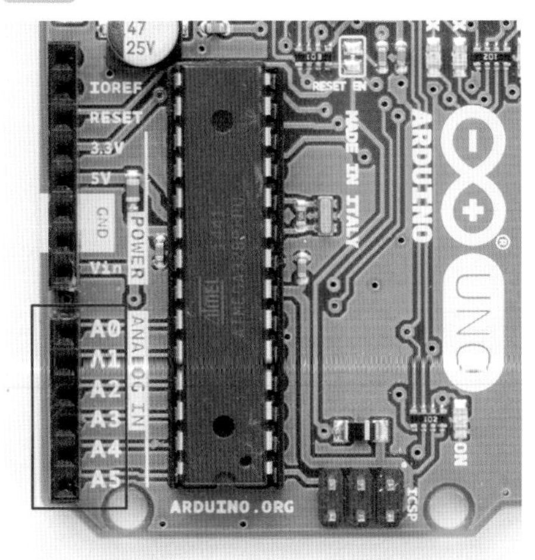

Memo

Uno 以外の Arduino の場合

Arduino の中でも、アナログ入力できるピンの数は種類によってまちまちです。Uno と同じ 6 本のアナログ入力ピンが付いている Arduino Leonardo もあれば、アナログ入力できるピンが 12 本の Arduino Due もあります。使えるピンの数は同じではないので注意が必要です。

Chapter 4 高度な制御をしてみよう ― アナログ入出力とシリアル通信を覚えよう

アナログ入力の関数を使おう

アナログ入力で電圧を調べるには、**analogRead 関数**を使います。

リスト4 analogRead関数

```
analogRead(<ピン番号>)
```

引数となるピン番号には、A0 のピンを調べる場合には＜ 0 ＞と指定し、A5 のピンを調べる場合には＜ 5 ＞と指定します。例えば、A3 のピンの値を読み取り変数 i に格納する場合は、

```
int i = analogRead(3);
```

のように書きます。なお、**analogRead 関数の戻り値は、0 から 1023 の数字です。**

また、アナログ入力の場合、デジタル入力のように **pinMode 関数を使ってピンを入力として使用するのか、出力として使用するのかを設定する必要がありません。** ですので、スケッチの最初に pinMode 関数を書かず、いきなり analogRead 関数を使用して構いません。

4-5

センサーを利用しよう

センサーは電子工作でよく利用する部品です。ここでは明るさセンサーを例にセンサーを使ってみつつ、アナログ入力も実践してみましょう。

明るさセンサーの仕組み

それでは、アナログ入力を使った回路を組んでみましょう。ここでは、明るさセンサーという周りの明るさが分かるセンサーを使います。

具体的には、**CdSセル**という光の強さに応じて抵抗の値が変わるパーツを使います（**図17**）。明るさに応じて抵抗の値が変化し、電圧が変化します。その電圧の変化をアナログ入力から読み取ることができます。

図17 CdSセル

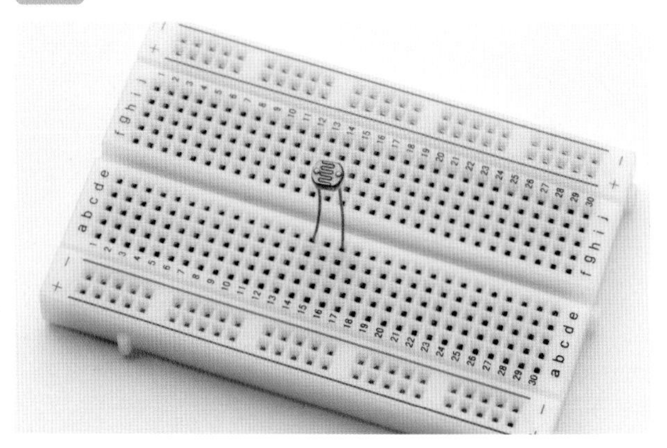

Memo

CdSセルを購入する

CdSセルは下記のWebサイトから購入することができます。

・秋月電子通商
https://akizukidenshi.com/catalog/g/gI-00110/

Memo

抵抗と電圧

電流の値が一定なら、抵抗の大きさと電圧の大きさは正比例します（オームの法則）。詳しくは62ページを参照してください。

このCdSセルを使って、自動でLEDランプの明るさが変わる装置を作ってみましょう。周囲の明るさに応じて、暗ければLEDランプが光り、明るければLEDランプが消えるという動きをします。

図18 明るさに応じて明るさが変わるLEDランプのイメージ

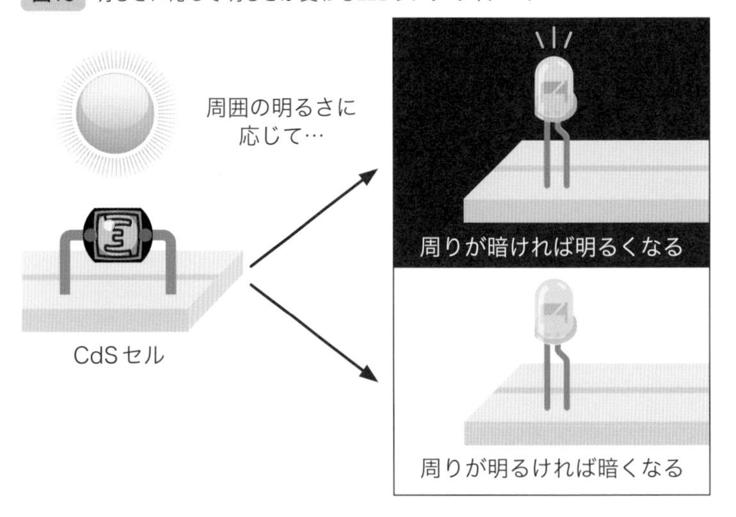

明るさセンサーを使った回路を作ろう

ここで使用するブレッドボードとワイヤー以外の電子部品は以下の通りです（**表4**）。4-2、4-3で使った部品に加えて、CdSセルを利用します。

表4 使用する電子部品

部品名	個数
LEDランプ	1個
抵抗（330Ω）	1個
抵抗（10kΩ）	1個
CdSセル	1個

電子部品が用意できたら、**表5**を参考に、**図19**のように回路を組んでください。

表5 明るさセンサーの接続方法

片方の接続箇所	もう片方の接続箇所
Arduinoの＜3＞ピン	LEDランプのアノード
LEDランプのカソード	抵抗（330Ω）の片方の足
抵抗（330Ω）のもう片方の足	Arduinoの＜GND＞
Arduinoの＜A0＞ピン	CdSセルの片方の足、 抵抗（10kΩ）の片方の足
CdSセルのもう片方の足	Arduinoの＜5V＞
抵抗（10kΩ）のもう片方の足	Arduinoの＜GND＞

図19　明るさに反応するLEDランプの接続図

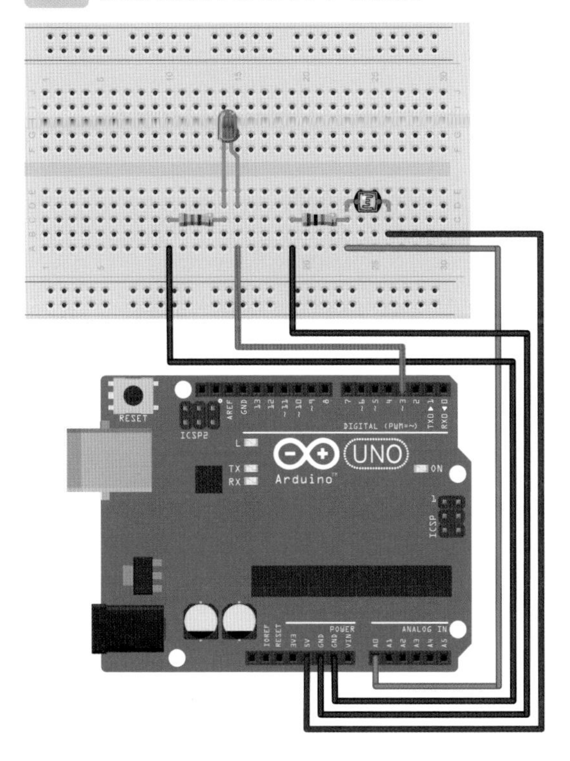

図20　CdSセルを接続した様子

4-6

明るさの情報を読み取ろう

CdS セルを使って明るさを読み取るためのスケッチを書いていきます。取得した値を表現するために、LED ランプを使いましょう。

明るさを読み取るには?

CdS セルを使った回路ができたので、明るさを読み取るスケッチの作成に進みます。すでに 4-4 でアナログ入力を読み取る analogRead 関数については触れました。ここでは、その関数を実際に使い、明るさを読み取るスケッチを書いてみます。

しかし、analogRead 関数を使ってアナログ入力の値をリアルタイムで取得することはできるのですが、入力されるだけではその値を私たちが知ることはできません。その数値が Arduino に伝わるだけでなく、どのように出力して外部に伝えるかという方法を決めておく必要があります。

そこで、今回はすでに何度も利用している LED ランプを使って、点灯によって明るさを通知させたいと思います。

周囲の明るさでLEDランプの明るさが変わるスケッチを書こう

明るさセンサーの刺さっている＜ A0 ＞ピンの情報をもとに、＜ 3 ＞ピンに刺さった LED ランプの明るさを調整したいと思います。スケッチを以下のように書き、Arduino へ転送してください（**リスト 6**）。

リスト 5　明るさに応じてLEDランプの明るさを変える

```
void setup() {
  pinMode(3, OUTPUT);
}
void loop() {
  int val = analogRead(0); 1
  int led = 255 - (val / 4); ┐2
  analogWrite(3, led);       ┘
}
```

スケッチの内容を確認しましょう。**1** では、**analogRead 関数を使い＜ A0 ＞ピンが読み取った値を変数 val に入れています。**

Memo　int型の書式

書式：int＜変数名＞=＜数値＞;

例えば、countという変数に10という数値を入れて定義する場合、以下のようになります。

```
int count = 10;
```

次に **2** は、変数valの値、つまり**＜A0＞ピンが読み取った値を使って、アナログ出力の関数であるanalogWrite関数で＜3＞ピンに刺さったLEDへの明るさを設定しています。**

ちょっとわかりにくいですが、analogRead関数の値は、0から1023までの数値を返します。一方、analogWrite関数は、0から255までの数値を引数として受け取ります。ですので、**analogRead関数の値をそのままanalogWrite関数に渡してしまうと、数値がオーバーしてしまいます。** そこで、analogRead関数が返す値を4で割った数値をanalogWrite関数の引数として使っています。

また、CdSセルは明るければ明るいほどanalogRead関数が返す値は大きくなります。今回はCdSセルの感知する明るさが明るければLEDランプを暗くして、逆に暗ければLEDランプを明るくするので、**analogRead関数が返す値が大きいほど、analogWrite関数の引数は小さくないといけません。** そこで、analogWrite関数の引数となる変数ledは、255から変数valを4で割った値を引き算をするように計算しています。

環境や、明るさセンサーの個体差によっては、まったく点灯しなかったり、逆にずっと点灯しっぱなしということもあります。そうした場合は、ライトを当てるなど明るさを変えて試してみてください。

図21　明るさに応じ光っている様子

4-7 読み取った情報をパソコンに表示しよう

この Chapter の最後に、CdS セルから受け取った明るさの値を LED ランプを光らせるために使わず、シリアル通信でパソコンに伝える方法を試しましょう。

シリアル通信とは?

前の Section では、明るさに応じて LED ランプの点灯を制御する方法を試しました。これでデジタル出力、デジタル入力、アナログ出力、アナログ入力をそれぞれ利用したことになります。ここでは基本編の最後に、**シリアル通信**と呼ばれる機能を解説します。

シリアル通信とは、**Arduino とパソコンの間で文字の情報をやり取りすることができる機能**です。例えば、シリアル通信を使うことで、実際にその場その場でどれくらいの電圧になっているかなどをパソコン上に表示することができます。

これまでは、コンパイルされたスケッチをパソコンから Arduino へ転送するために、USB ケーブルで接続していました。シリアル通信を行う場合も同様に、**USB ケーブルでパソコンとつなぐことで、Arduino がデータの送受信を行うことができます。**

この Section では、analogRead 関数で読み取った 0 から 1023 までの数字を、シリアル通信を使い Arduino からパソコンへ送信するスケッチを書いてみます。

図22 シリアル通信で送られる数値

```
10
出力  シリアルモニタ ×
メッセージ ('COM4'のArduino Unoにメッセージを送信するにはEnter)
556
519
822
821
820
819
819
818
817
818
819
820
821
820
821
821
820
820
819
行 10、列
```

シリアル通信を行うスケッチを書こう

回路は4-5で使った回路からLEDランプを外して作ります（**図23**）。明るさセンサーだけがArduinoとつながっている状態のままでかまいません。

回路の組み換えが完了したら、スケッチに取り掛かりましょう。

図23 明るさセンサーのみの接続図

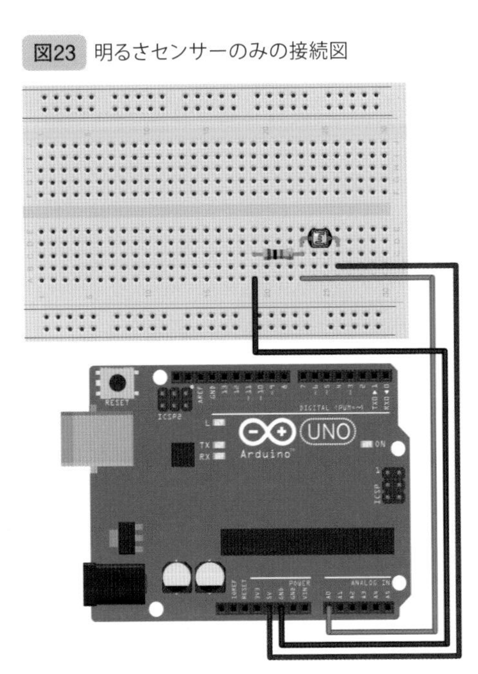

リスト6 シリアル通信を行う

```
void setup() {
  Serial.begin(115200); 1
}

void loop() {
  int val = analogRead(0);
  Serial.println(val); 2
  delay(100); 3
}
```

先ほどの明るさセンサーを使ってLEDランプを制御するスケッチと比べ、大分すっきりしました。以下にコードの説明をします。

まず 1 では、**Serial.begin関数**を使って、シリアル通信を行うときの速度を設定しています。この場合はSerial.begin関数に115200という数字を渡しており、Arduinoから通信する速度は115200bpsという単位でやり取りをすることを宣言しています。

Memo

Serial.begin関数

書式：Serial.begin(<設定したいbps>)

シリアル通信を行う際の速度を設定します。通信速度の単位はbps（「bit per second」の略。1秒間に1ビットのデータを送ることができる通信速度が1bps）です。なお、Arduino IDEの表記ではbaudですが、本書ではbps=baudとして説明しています。

その後、**2**では**Serial.println関数**を使っています。Serial.println関数は、シリアル通信を行う際に、相手側（この場合はパソコン）にデータを送り込む関数になります。引数には変数valが使われていますが、この変数valにはanalogRead関数が読み取った値がそのまま代入されています。つまり、analogRead関数で読み取った値をはそのままSerial.println関数に渡され、その数字がそのままシリアル通信でパソコンに送信されます。

最後の**3**では、何度も出てきているdelay関数を使い、0.1秒（100ミリ秒）待機するようにしています。この**delay関数がないとひっきりなしにloop関数が呼ばれ、シリアル通信するデータが大量に来て、後述するシリアルモニタでデータを確認するときに大変見にくくなってしまいます。**そこで、毎回データを送ってから少し時間をあけるようにするため、delay関数を入れています。

このスケッチを書き込むとUSBケーブルで接続しているパソコンに対して、0.1秒ごとにデータが送られるようになります。

実際にデータが来ているかをArduino IDEのシリアルモニタ機能を使って見てみましょう。Arduino IDE画面右上の、**虫メガネのようなアイコンがシリアルモニタのアイコンです（図24）。**クリックするとモニタが表示されます。このとき、ArduinoとUSBケーブルでつながれているかも確認しておいてください。

右上の通信速度の表示が「115200 baud」となっていなければ、通信速度の表示をクリックして「115200 baud」を選択してください 。スケッチに問題がなく、また明るさセンサーの配線も正しければ、シリアルモニターの画面が表示され、順々に数字が出てきます（図25）。

この数字がアナログ入力の値になります。センサーへ手をかざしたりライトを当てるなどして明るさを変え、実際にどれくらいの数字が返ってきているかを見てみてください。

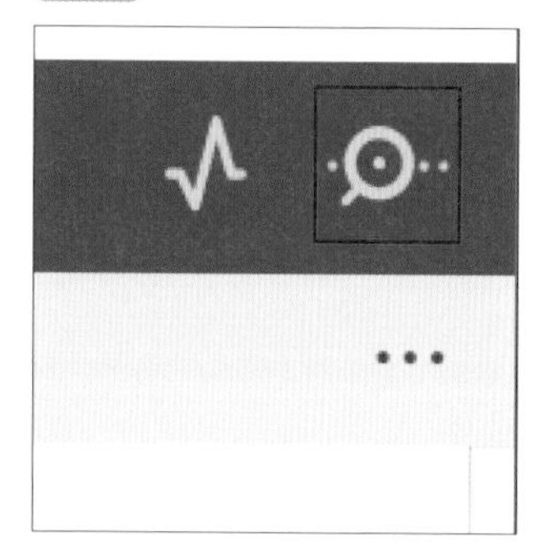

図24 <シリアルモニタ>ボタン

図25 数字がシリアルモニタに表示されている様子

出力　シリアルモニタ ×

メッセージ（'COM4'のArduino Unoにメッセージを送信するにはEnter）

742
741
741
740
742
742
742
743
743
743
743
743
743
743
742
742
741
741
740

Chapter 5

人が近づくと光るイルミネーションを作ろう

5-1 ライブラリを利用してイルミネーションを作ろう

様々な色で光る「フルカラー LED」を同時に何個もつなげて、イルミネーションとして光らせます。さらに、人感センサーと組み合わせることで、人が近づくと自動で LDE ランプが点灯する方法も学びます。

フルカラーLEDでイルミネーションを作ろう

●フルカラーLEDを光らせよう

この Chapter では、主に**フルカラー LED** を利用したイルミネーションを作り、これまでの章より少し複雑な回路とスケッチの作成に挑戦します。まずはフルカラー LED を使って、青や、赤、白といった特定の色を光らせる方法を解説します。単色のみの LED と違い、光る色もスケッチで指定することができます。さらに、複数のフルカラー LED を同時に制御することで、LED をイルミネーションのように光らせます（**図 1**）。

図1 フルカラーLEDを光らせる

今回、フルカラー LED の制御には「**ライブラリ**」と呼ばれるものを利用します。ライブラリとはあらかじめ特定の機能を使うために用意されているプログラムの集まりです。「ライブラリ」を利用できると Arduino で電子部品を制御してできることの幅が増えるので、イルミネーションの作成を通じて覚えましょう。

●人感センサーと組み合わせよう

Chapterの後半では**人感センサー**を利用します。人感センサーを組み合わせることで、人が近づくとフルカラーLEDが自動で光り出す仕組みを作ります。逆に人がいないときは、フルカラーLEDは点灯しないようにしておき、いわゆるセンリーライトと同じ動きをさせます（**図2**）。

図2 人感センサーとフルカラーLEDを組み合わせる

●防犯ブザーに応用しよう

さらに、Chapterの最後では人感センサーの応用として、人が近づくと音が鳴る防犯ブザーを作ります。

人感センサーはそのまま同じものを使い、フルカラーLEDの代わりに音がなる**圧電スピーカー**を組み合わせます（**図3**）。防犯対策という実用的な装置を完成させましょう。

図3 人感センサーとブザーを組み合わせる

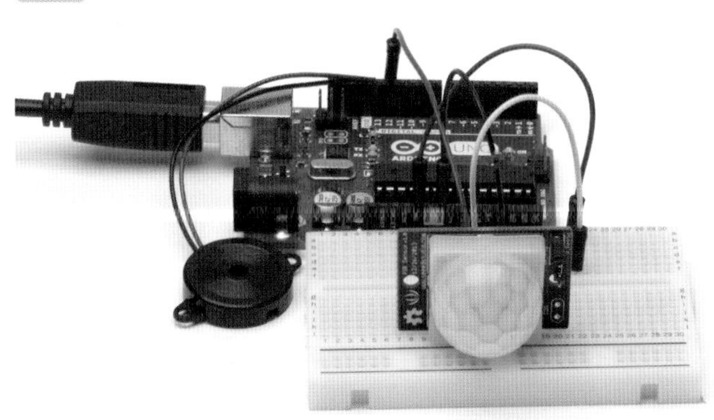

このChapterで使う電子部品

　このChapterで作るセンサーと組み合わせたイルミネーションでは、Arduinoとブレッドボード以外に**表1**の電子部品を使います。

表1 使用する電子部品

部品名	個数
SK6812使用マイコン内蔵フルカラーテープLED	1個
人感センサー［PIRモーションセンサー］	1個
圧電スピーカー［SPT08］	1個

　新しく出てきた電子部品の特徴はこれから実際に使ってみながら解説します。それでは、早速電子部品を組み合わせてみましょう。

Memo　電子部品を購入する

このChapterではじめて利用する電子部品は、以下のWebサイトから購入できます。

・SK6812使用マイコン内蔵フルカラーテープLED
　秋月電子通商：https://akizukidenshi.com/catalog/g/gM-13254/

・人感センサー［PIRモーションセンサー］
　スイッチサイエンス：https://www.switch-science.com/catalog/2145/

・圧電スピーカー［SPT08］
　秋月電子通商：https://akizukidenshi.com/catalog/g/gP-01251/

ライブラリで電子回路の制御をしよう

電子部品によっては、制御するために多くの前提知識が必要で、スケッチも複雑になります。そのような場合、「ライブラリ」を活用すると、難しいプログラムも簡単に利用できるようになります。

ライブラリとは?

「**ライブラリ**」というのは、あらかじめ特定の機能を使うために用意されているプログラムの集まりです。例えば、バーコードを読み込むシステムを作るとします。その際、バーコードを読み込む仕組みをすべて理解して、一から作るのは大変な作業です。しかし、もし「バーコードを読み込むことに特化したプログラムの集まり」が存在すれば、バーコードの仕組みを知らなくても、そのプログラムを利用することでバーコードの読み取りが行えます。この「特定の機能に特化したプログラムの集まり」にあたるのがライブラリです。

この章では、フルカラー LED を光らせますが、「フルカラー LED を光らせるライブラリ」を使用することで、制御のプログラムについて必要な知識や作業を減らすことができます。単純に何色に光らせたいかという命令をプログラムでわたすだけで、その色で表示してくれます。

フルカラーLED用のライブラリをインストールしよう

●ライブラリを検索する

ライブラリは様々な電子部品向けに、多くの種類が用意されています。ライブラリはインターネットで検索して探すことができるので、探し方を覚えておくと便利です。

Arduino のライブラリを探す場合は、Google などの検索エンジンを使って、「Arduino [利用する電子部品の型名] library」または「Arduino [利用する電子部品の型名] ライブラリ」で検索するとよいでしょう。

例えば、今回利用する「SK6812」であれば、「Arduino SK6812 library」または「Arduino SK6812 ライブラリ」と検索します（**図 4**）。

図4 ライブラリの検索結果

Memo

海外の情報を探す

Arduino用のライブラリの場合、海外から発信された情報の方が充実しています。日本語でお目当ての情報が見つからない場合は、海外からの情報に当たってみるのもよいでしょう。海外の情報も含めてライブラリを探すには、「Arduino [利用する電子部品の型名] library」で検索しましょう。

●ライブラリをArduino IDEにインストールする

Arduino IDEには、ライブラリを管理するための仕組みが用意されています。そのため、Arduino用のライブラリの導入は、比較的シンプルな作業で行うことができます。

上記のライブラリの検索方法で、SK6812について検索について調べていくと、SK6812は「Adafruit NeoPixel」ライブラリを使って操作できることがわかります。この「Adafruit NeoPixel」ライブラリをインストールしてみましょう。

まずArduino IDEの左側にある<ライブラリマネージャ>をクリックします❶。

図5 <ライブラリマネージャ>をクリックする

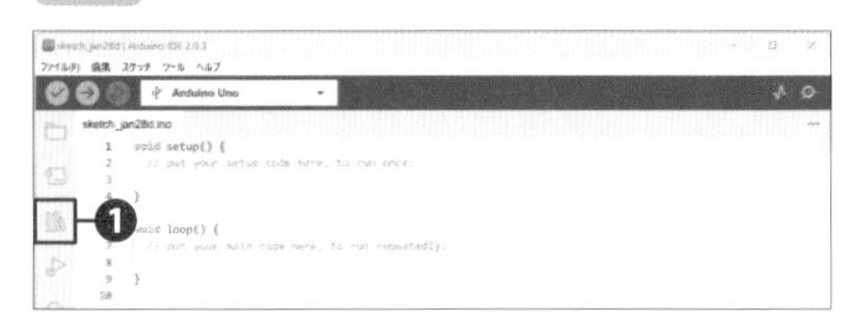

ライブラリマネージャーのパネルが画面左側に表示されるので、<検索をフィルタ>に、「neopixel」と入力します❶。するとライブラリマネージャーのライブラリ一覧のところに、< Adafruit NeoPixel >と表示される欄が現れます（本書執筆時点では一覧の3つ目に表示されていたので、少しスクロールして見つけてください）。その< Adafaruit NeoPixel >の欄にあるインストールボタンをクリックします❷。

図6 <Adafruit NeoPixel>をインストールする

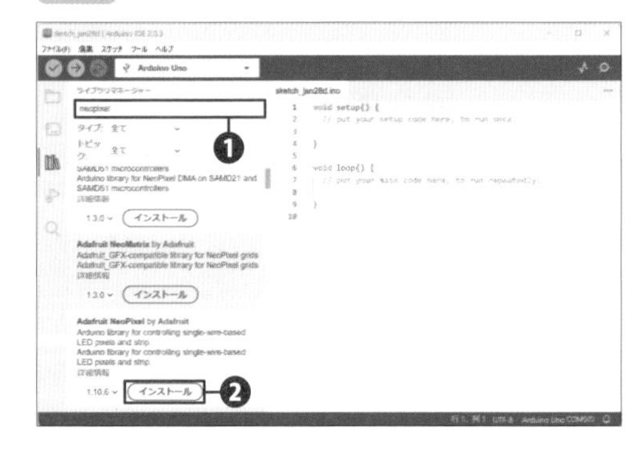

少しすると図画面右下に「ライブラリAdafruit Neo Pixelのインストールに成功しました。」と表示されます。もう一度左メニューの＜ライブラリマネージャー＞のアイコンをクリックしてライブラリマネージャーを閉じて❶、引き続きスケッチの作成に移りましょう。

図7　インストールの成功画面

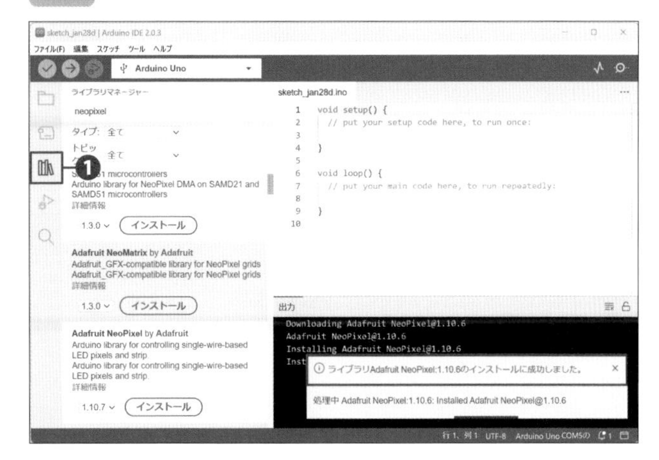

Memo　インターネット上からライブラリをインクルードする

ライブラリを利用する方法にはここまでで紹介した方法のほかに、ファイルをインターネット上でダウンロードしてからArduino IDEでインクルードする方法も用意されています。ここでは、例としてインターネット上から「Adafruit NeoPixel」ライブラリをダウンロード・インクルードする方法を紹介します。ライブラリによっては前者の方法しか提供されていないものもあるので、その場合はこの方法を利用しましょう。

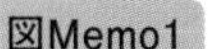
図Memo1

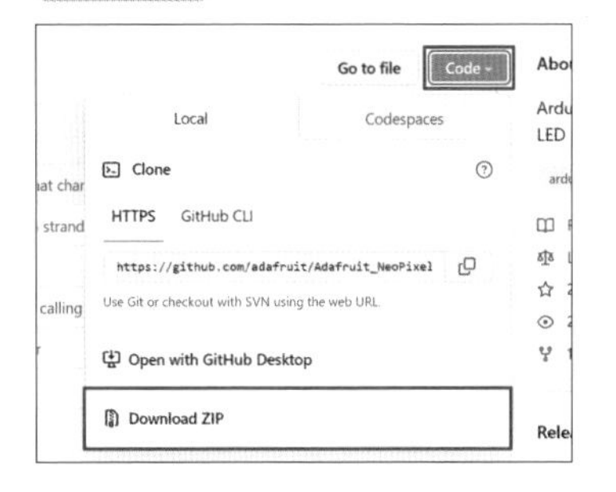

まず、https://github.com/adafruit/Adafruit_NeoPixelにアクセスします。図Memo1のような画面が表示されたら、＜Code＞→＜Download ZIP＞をクリックします。成功すれば、「Adafruit_NeoPixelmaster.zip」というファイルがダウンロードされます。

図Memo2

次に、Arduino IDEを立ち上げて、＜スケッチ＞→＜ライブラリをインクルード＞→＜.ZIP形式のライブラリをインストール＞をクリックします（**図Memo2**）。すると、ファイルを選択するダイアログが立ち上がるので、さきほどダウンロードした「Adafruit_NeoPixel-master.zip」を選択して、＜開く＞をクリックします。これで「Arafruit NeoPixel」ライブラリのインストールが完了します。

5-3

フルカラーLEDを光らせよう

導入したライブラリを使いフルカラー LED を光らせます。本来は複雑なフルカラー LED の制御が、ライブラリを使用することで簡単に実現できます。

フルカラーLEDの仕組み

それでは、インストールしたライブラリを使ってフルカラー LED を光らせてみましょう。まずは、フルカラー LED の特徴を確認して、それから回路とスケッチを作成します。

フルカラー LED は前述の通り、名前に「フルカラー」と付くように、三原色である赤、緑、青の光の強さを調整することで、様々な色を表現することができる電子部品です。イルミネーションのようにきれいに光らせることもできます。

スケッチで色を変化させることもできます。例えば、最初は青色に発光させ、時間の経過とともに徐々に青から赤に変化し、最後は赤色で点滅するということも、Arduino を使ってフルカラー LED を制御すれば可能です。

フルカラー LED にも色々な種類がありますが、この章では「SK6812」というフルカラー LED を使います（**図 8**）。この LED にはマイコンが内蔵されており、一つ一つを Arduino につないで制御することもできますし、連続してつないだ上でそれぞれの「SK6812」を制御することもできます（**図 9**）。

図8 単体の「SK6812」

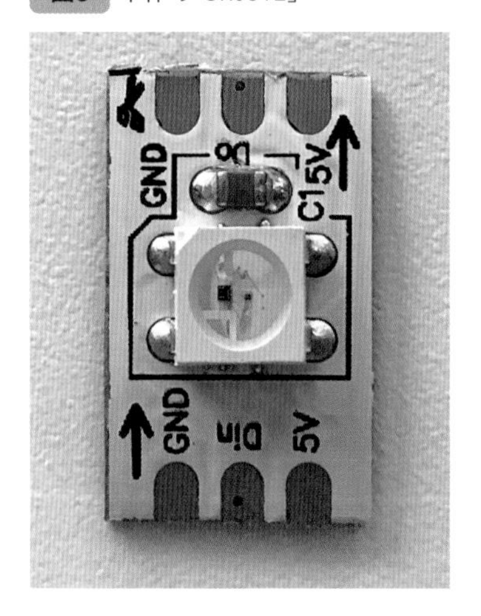

図9 テープ状につながっている「SK6812」

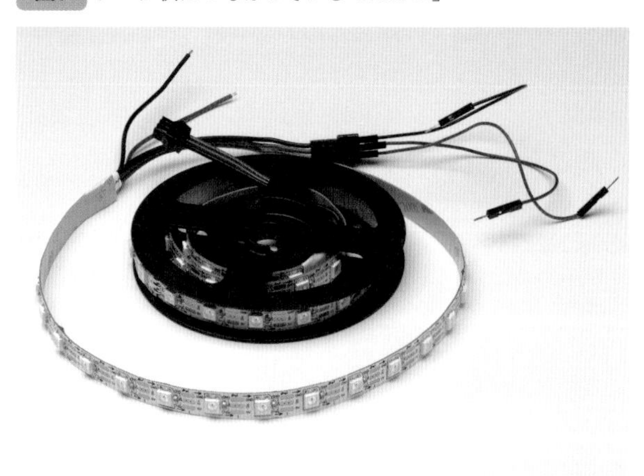

「SK6812」は秋月電子通商でテープ状のものやチップ状のものなどが売られています。また他の販売店には、基板に取り付けられるものなど様々なバリエーションが用意されています。

本書ではテープ状のものを使いますが、設置方法によって扱いやすいものを使ってもよいでしょう。

図10 様々な形状の「SK6812」

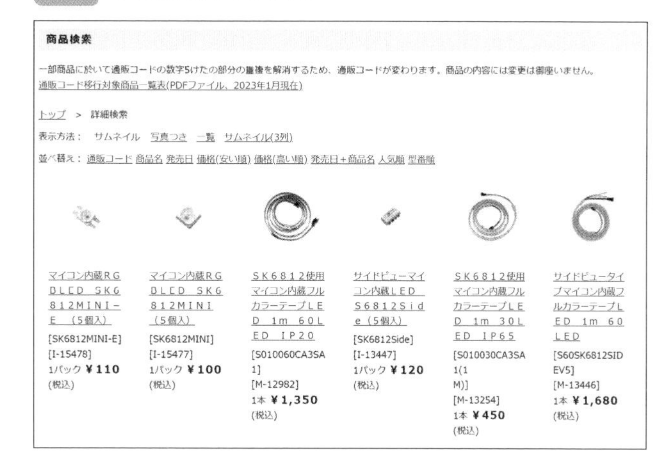

フルカラーLED用のライブラリを利用しよう

先ほどインストールした「Adafruit_NeoPixel」ライブラリは、Arduino IDEにインストールすることで、サンプルとなるスケッチを利用することができるようになります。まずは、ライブラリの使い方を覚えるために、インストールされるスケッチの例を使ってみましょう。

Arduino IDEのメニューで<ファイル>をクリックし❶、<スケッチ例>❷→< Adafruit Neopixel >の順に選択します❸。スケッチの例として5種類のメニューが表示されるので、この中から< simple >をクリックします❹（図11）。

図11 ライブラリの選択

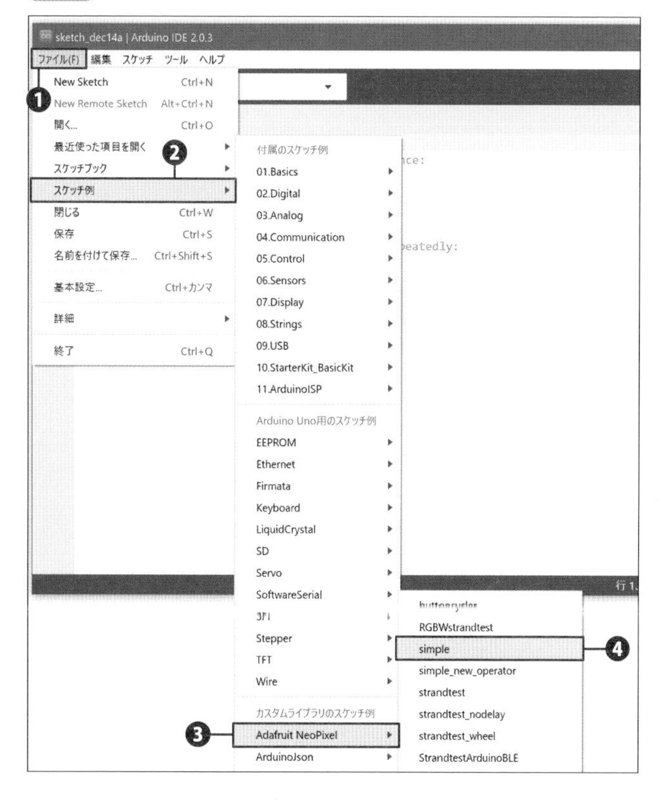

すると、新しくウィンドウが表示され、「simple」という名前でスケッチが立ち上がります（**図12**）。

図12 スケッチが立ち上がる

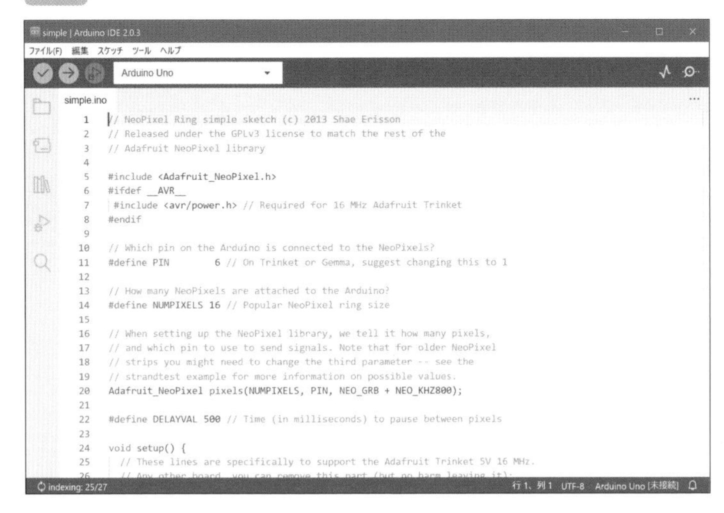

ArduinoとフルカラーLEDをつなげよう

スケッチが立ち上がったところで、ArduinoをフルカラーLEDとつなげてみましょう。ここでは主にフルカラーLEDを使用します。人感センサーはまだ使いません。電子部品を用意したら、**表2**と**図13**を参考に配線します。なお**図14**のフルカラーLEDはテープ状ではなく1個のLEDに簡略化して表現しています。

表2 フルカラーLEDの接続方法

片方の接続箇所	もう片方の接続箇所
Arduinoの＜6＞ピン	SK6812の＜Din＞
Arduinoの＜5V＞	SK6812の＜5V＞
Arduinoの＜GND＞	SK6812の＜GND＞

図13 フルカラーLEDの接続図

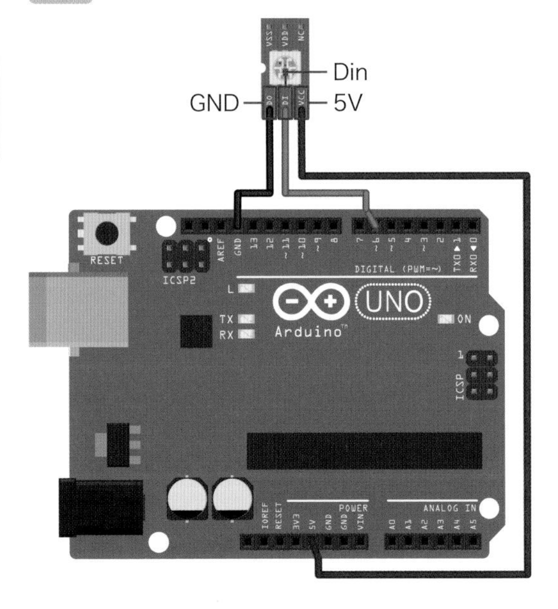

Arduinoとフルカラー LEDをつないだら、先ほど立ち上げたスケッチをわたします。うまくいくと、緑色に光るフルカラー LEDが確認できます（**図14**）。

図14 緑色に光るフルカラーLED

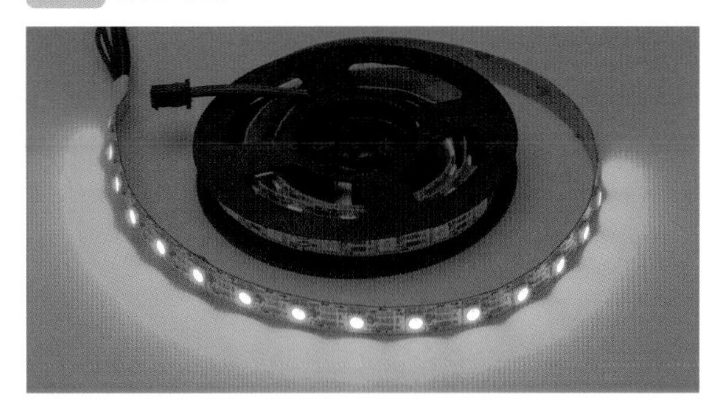

Memo 単体のフルカラー LEDをつなぐ

SK6812ではなく、他の種類のフルカラー LEDを利用しても同じライブラリを使って光らせることができます。単体のフルカラー LEDを使う場合はワニ口クリップを3つ使い、写真のように矢印が内側に向かって入っていく方にある5V、Din、GNDの銅線の部分にそれぞれをつないでください。このとき、ワニ口クリップ同士が接触しないように注意してください。Arduino側も、ワニ口クリップのもう片方をオスオスのジャンパーワイヤーとつなぎ、Arduinoのピンソケットにジャンパーワイヤーを差し込むようにして接続してください。

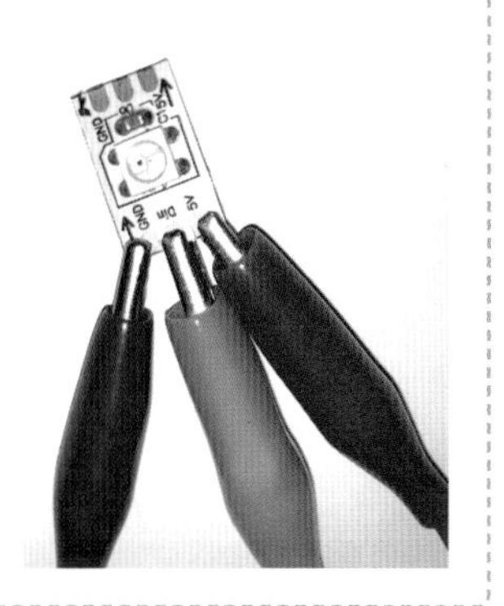

フルカラーLEDの色を変えよう

せっかくですので、緑以外の色にも光らせてみましょう。「simple」スケッチにはLEDの色を指定している箇所があります。スケッチの40行目、以下の部分となります。

リスト1 色を指定している部分

```
pixels.setPixelColor(i, pixels.Color(0,150,0)); // Moderately bright green
color.
```

ここで、pixesl.Color関数に3つの引数、「0」「150」「0」をわたしています。この3つの引数の数字を変えることで、色を変えることができます。

フルカラー LEDは、光の三原色の原理に従って、赤・緑・青の3色の割合で光の色が決まります（**図15**）。

図15 光の三原色

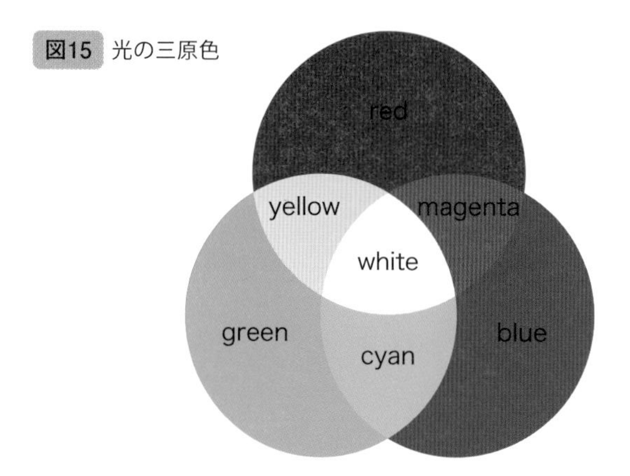

加色混合（光の三原色）

pixesl.Color関数は赤・緑・青の割合を決めることで、フルカラーLEDの光の色を指定しています。pixesl.Color関数の3つの引数は、1つ目から順に、赤・緑・青の割合を指定をしていて、数字を大きくするほど、その色の割合が強くなります。数値は「0」から「255」まで選べます。

例えば、フルカラーLEDを赤く光らせたい場合は、以下のように「simple」スケッチを書き換えます。

リスト2 赤く光らせる場合

```
pixels.setPixelColor(i, pixels.Color(255,0,0));
```

赤の割合を最大限にして、緑と青の割合は0にしてしまうと、LEDを赤く光らせることができるわけです。同様に、光を青や白にする場合は、以下のように指定します。光の三原色を参考に、好きな色を指定して光らせて遊んでみてください。

リスト3 青く光らせる場合

```
pixels.setPixelColor(i, pixels.Color(0,0,255));
```

リスト4 白く光らせる場合

```
pixels.setPixelColor(i, pixels.Color(255,255,255));
```

Memo **pixels.Color 関数**

書式：pixels.Color(< 赤の数値 >, < 緑の数値 >, < 青の数値 >)
赤・緑・青の光の割合を数字で指定することで、光らせる色を決めます。

光をゆっくり変化させよう

せっかくスケッチで色の制御をできるようなったので、色が変わっていくスケッチを試しに書いてみましょう。ここではライブラリを利用しながら、「simple」スケッチの void loop() 以下を変えて、一からスケッチを書いてみます。

リスト５ 光をゆっくり変化させる

```
void loop(){
  for(int i=0; i < 255; i++) { 1
    for (int j=0; j < 16; j++) {
      pixels.setPixelColor(j, pixels.Color(i, i, i)); 2
    }
    pixels.show(); 3
    delay(10); 4
  }
}
```

スケッチの中身を確認しましょう。1では 0 から 255 までの数字が順番に i に代入され、プログラムを繰り返すようにしています。この変数 i は次の pixels.Color 関数の引数として使います。

2の書き方は少し複雑です。pixels.setPixelColor 関数で、光らせるフルカラー LED と、光の色を指定します。SK6812 がはいくつも連結して利用することができるため、何番目の LED を光らせるか指定する必要があります。1 つ目の LED を光らせる場合は引数に「0」、2 つ目の LED なら「1」、4 つ目なら「3」と指定します。このスケッチでは、光る LED の数にあわせて引数に変数を入れています。

そして、pixels.setPixelColor 関数の中では、光の色を指定する引数として pixels.Color 関数が利用されています。pixels.Color 関数の引数は、1 の for 文により自動的に変化するよう設定されています。

3では、2で指定した通りに光らせる命令として、「pixels.show 関数」を使って、指定された LED を光らせています。

最後に、4 で光が変わる間隔を 10 ミリ秒（1/100 秒）に指定します。 4 で時間の感覚を指定することで、pixels.Color 関数の引数がすべて「0」の状態から、10 ミリ秒ごとに 1 ずつ数を増やしていき、最終的にすべて「255」の値をわたすことで、最後は白く光るというプログラムになります。

完成したら、Arduino にスケッチをわたします。うまくいくと、次第に LED の光が白く変化します（**図 16**）。

図16 白く変化して光るフルカラーLED

クリスマスカラーを演出しよう

先ほどのコードをさらにバージョンアップさせて、赤、緑、白の色で順に LED が光る、クリスマスカラーの演出を試してみましょう。

一つ一つの LED が、赤→緑→白→赤→緑→白……と変化して、隣の LED もそのテンポから少しずれて同じように赤→緑→白→赤→緑→白……と変化します。「simple」スケッチの void loop() 以下を書きかえて、3 つの色が少しずつ移動するような演出にしましょう。

リスト 6 クリスマスカラーで光らせる

```
void loop() {
  for (int i = 0;; i++) { ❶
    for (int j = 0; j < 16; j++) { ❷
      int c = (j + i) / 2 % 3; ❸
```

```
        if (c == 0) {
          pixels.setPixelColor(j, pixels.Color(255, 0, 0));
        } else if (c == 1) {
          pixels.setPixelColor(j, pixels.Color(0, 255, 0));
        } else {
          pixels.setPixelColor(j, pixels.Color(255, 255, 255));
        }
      }
      pixels.show();
      delay(200);
    }
  }
```

4

1 は先ほど似ていますが、0から順に数字が増えていき、それがiに代入されて繰り返されます。リスト5のスケッチと違い255まで来たら0に戻るのではなく、ずっと数字が増え続けるfor文の書き方です。

2 はjに0から15までの数値を繰り返し代入します。こうすることで、16個のLED一つ一つの明るさを繰り返し設定します。j<16の16の部分は、LEDの個数によって変えてください。

3 は一つ一つのLEDをどの色にするか計算して決める部分になります。色がスライドして変化していく演出にしたいので、繰り返した回数に応じて変化するiの値を、何番目のLEDかというjの値を足すことで、それぞれのLEDの色を決定するプログラムの結果も変化するようにしています。jの値だけだと光る色が固定されてしまいますが、iを足すことである LEDの色が隣のLEDの色に変化するロジックが作れます。まず(j+i)/2という部分で、iとjの値を足し算して、2で割っているのですがこれによって隣り合ったLED同士が同じグループになるようにしています（i+jが0か1なら2で割った整数はいずれも0になり、2か3なら2で割った整数はいずれも1になる……といった具合です）。

さらにその数字を3で割った余りを計算しcに入れています。%は割ったときの余りを返します。今回は、赤、緑、白のいずれかの色にしたいので、そのためにcの値も3通りのいずれかにする必要があります。3の余りは必ず0か1か2になり、jとiを足して2で割った値が、

0なら、3で割った余りは0
1なら、3で割った余りは1
2なら、3で割った余りは2
3なら、3で割った余りは0

4なら、3で割った余りは1
5なら、3で割った余りは2
6なら、3で割った余りは0

というように、0→1→2→0→1→2という繰り返しになることで、先ほどクリスマスカラーとして決めた、赤→緑→白→赤→緑→白という色の変化と一致させています。

こうして求められたcの値によって、**4**の部分でif文を使い、0なら赤、1なら緑、2なら白、というようにそれぞれのLEDに色を設定しています。つまり、先ほどのスケッチで考えると、jとiを足して3で割った値が、

0なら、3で割った余りは0なので、赤色
1なら、3で割った余りは1なので、緑色
2なら、3で割った余りは2なので、白色
3なら、3で割った余りは0なので、赤色
4なら、3で割った余りは1なので、緑色
5なら、3で割った余りは2なので、白色
6なら、3で割った余りは0なので、赤色

というように、順番に色を変えることができます。

今回は3色の例でしたが、例えば5色にしたい場合は5の余りをcに入れ、**4**のところで5通りの色を設定してあげれば5色で色が変わる様子を楽しめます。

図17 クリスマスカラーで光るフルカラーLED

センサーとフルカラーLEDを組み合わせよう

ここまででフルカラー LED を使ってみました。さらに人感センサーと組み合わせて、人が来たタイミングでフルカラー LED が光る装置を作ってみましょう。

人感センサーの仕組み

フルカラー LED と一緒にここで利用するのが人感センサーです。まずは人感センサーの仕組みを簡単に理解しましょう。

人感センサーは、赤外線を利用した電子部品です。人やモノなどがセンサーに近づくと、センサーが送受信している赤外線に変化があります。この変化を感知すると、センサーは何かが近くにあると判断して、信号ピンの電圧を変化させます（**図 18**）。この電圧の変化を Arduino に受け取らせて、イルミネーションのスイッチなどに利用できるよう制御します。

図18 人感センサーの仕組み

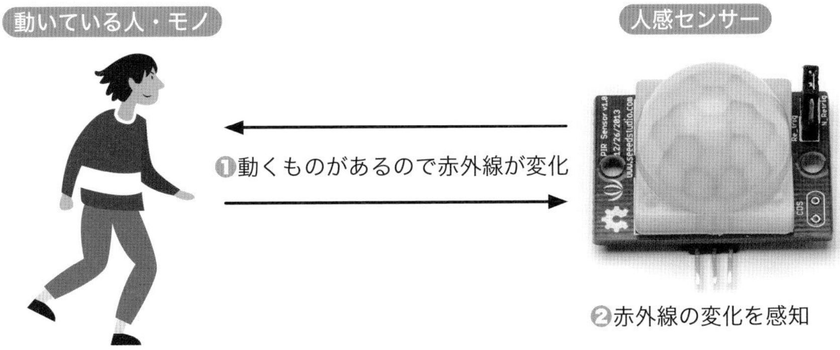

注意するべきこととして、このセンサーが反応するのは何かが動いたときのみという点が挙げられます。センサーの近くでじっとしていても、センサーは反応せず、電圧の変化もありません。その点に注意してスケッチを書く必要があります。

●使用する人感センサー

人感センサーにも色々な製品がありますが、この本ではスイッチサイエンスで売られている「PIR モーションセンサー」を利用します（**図 19**）。「PIR モーションセンサー」は、はんだ付けなども不要で、ブレッドボードにそのまま差し込むことができます。また、Arduino からの電圧でそのまま動かすこともできる、扱いやすい電子部品です。

図19 PIRモーションセンサー

Memo　様々なセンサー

本章で扱う人感センサー以外にも、色々な種類のセンサーがあります。フルカラー LED と組み合わせれば、センサーの値を色で表現するなどの様々な使い方ができそうです。

●圧力センサー

センサーに圧力を加えることで、抵抗の値が変わるセンサーです。手で押したり、ものを上に置いたりしたことを検知できます。

●加速度センサー

手に持って振ったり、自由落下させたりしたことを検知することができます。角速度（回転している速度）を検知する角速度センサーが付いているタイプもあります。

●温度センサー

温度を取得できるセンサーです。種類によって精度がまちまちですので、用途によって使い分ける必要があります。詳しくは Chapter6、7 を参照してください。

●においセンサー

硫黄化合物系ガスといった悪臭を検知してくれるセンサーや、アルコールを検知するセンサーなどがあります。

人感センサーを使った回路を作ろう

複数のフルカラー LED をつなげてイルミネーションを作るところまで達成しました。さらに、人感センサーを組み合わせて自動で光るようにしてみましょう。

まず、人感センサーがフルカラー LED を光らせるまでの仕組みを押さえておきましょう。人が近づいてからフルカラー LED が光り出すまで、どのようなことが起きているのでしょうか？ 流れとしては、まず人が近くにいることで人感センサーに電圧の変化が起こります。さらに、その電圧の変化を Arduino が検知します。Arduino には、あらかじめ「電圧が変化するとフルカラー LED を点灯させる」というスケッチを送っておきます。こうすることで、人が近づくことでフルカラー LED を点灯させることができます（**図 20**）。

図20 人感センサーが反応してフルカラーLEDが光る仕組み

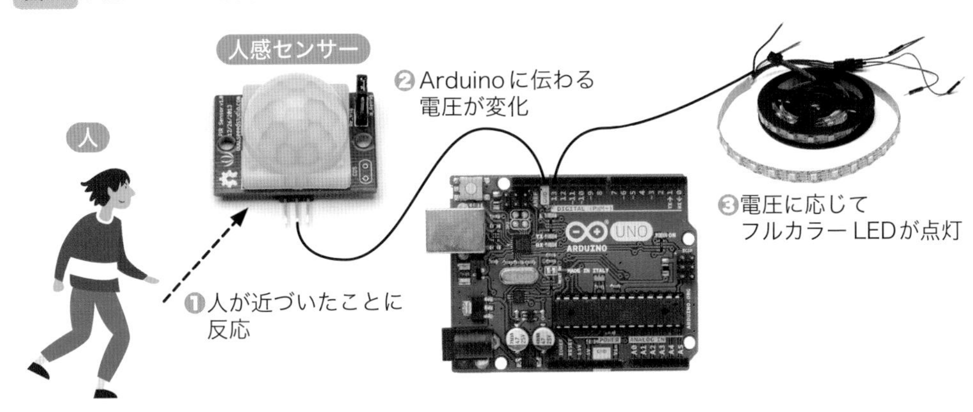

今回利用する PIR モーションセンサーは、3.0V ～ 5.5V の電圧で動きます。PIR モーションセンサーの＜ VCC ＞と、Arduino の＜ 5V ＞をつなげ、それぞれの＜ GND ＞同士も接続します。また、人が来たことを通知する信号線として、センサーの＜ OUT ＞を Arduino の＜ 13 ＞ピンに配線します（**表 3**）。

表3 人感センサーの接続方法

片方の接続箇所	対応する接続箇所
Arduino の＜ 13 ＞ピン	PIR モーションセンサーの＜ OUT ＞
Arduino の＜ 5V ＞	PIR モーションセンサーの＜ VCC ＞
Arduion の＜ GND ＞	PIR モーションセンサーの＜ GND ＞

「VCC」とは電源のプラス側のことを指します。今回の場合、RIP モーションセンサが必要

な電力である5Vを供給する端子となります（**図21**）。PIRモーションセンサーとArduinoをつないだ回路は、**図22**のようになります。

図21 PIRモーションセンサーから出ているピン

図22 人感センサーの接続図

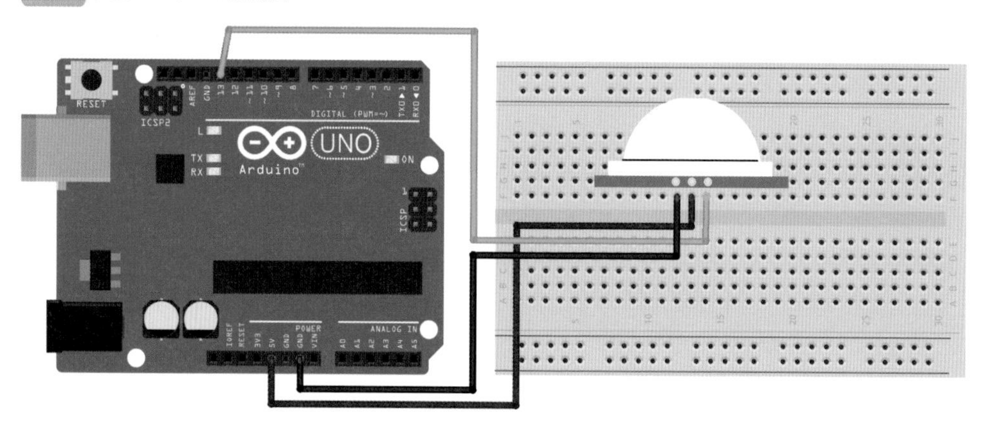

シリアルモニタでセンサーの動きを確認しよう

図の通りに配線できたことを確認し、実際に人感センサーが反応するかを見てみましょう。

今の回路のままでは人感センサーがつながっているだけですので、ArduinoにPIRモーションセンサーからの信号が来たことがわかりません。そこで、4章で説明したシリアルモニタの機能を使って、PIRモーションセンサーからの信号をパソコンの画面に表示させてみます。スケッチは以下の通りです。

リスト7 人感センサーの反応をシリアルモニタに表示する

```
void setup() {
  pinMode(13, INPUT); 1
  Serial.begin(115200); 2
}

void loop() {
  if (digitalRead(13)) {
    Serial.println("HIGH");
  } else {                       3
    Serial.println("LOW");
  }
}
```

スケッチの内容を確認しましょう。1 では、人感センサーのOUT線がつながっているGPIOの13番ピンを、電圧を読み取るためINPUTに指定しています。

2 ではパソコンとのシリアル通信をするための通信速度を115200bpsに指定しています。

3 は電圧に応じて文字列を送信するスケッチです。まず、digitalRead関数でGPIOの13番ピンにつながった人感センサーからの電圧を調べます。読み取った値がHIGHならシリアルモニタに対して「HIGH」という文字列を送信します。反対に、読み取った値がLOWの場合は、シリアルモニタに対して「LOW」という文字列を送信します。

このスケッチをArduinoに書き込んで、シリアルモニタを立ち上げて結果を表示してみてください。

起動して直ぐは、HIGHとLOWが繰り返して表示されて、人感センサーの値が安定しないかと思います。しばらくして、**図23**のように人の動きがあるときは「HIGH」と表示され、人がいなくなる、もしくはじっと動かないでいると「LOW」と表示されることが確認できれば、センサーの利用は成功です。

図23 シリアルモニタでの表示

出力　シリアルモニタ ×
メッセージ（'COM3'のArduino Unoにメッセージを送信する
LOW
LOW
LOW
LOW
LOW
HIGH
HIGH
HIGH
HIGH
HIGH
HIGH
HIGH
HIGH
HIGH
HIGH
HIGH
HIGH
HIGH
HIGH
HIGH
HIGH
HIGH
HIGH
HIGH

5-5

人の動きに反応させよう

人やモノの動きに反応する人感センサーを利用します。すでに扱ったフルカラー LED と組み合わせて、人が近づくとフルカラー LED が光る仕組みを作りましょう。

人感センサーと組み合わせてフルカラーLEDを光らせよう

シリアル通信で人感センサーの動きがわかったと思います。では、いよいよフルカラー LED と組み合わせてみましょう。

まず、前節でつないだ PIR モーションセンサーはそのまま同じように Arduino とつなぎます。さらに、10 個連なっているフルカラー LED をそこに加えて、**表 4** の通りにつなぎます。Arduino の＜ 5V ＞については、人感センサーもフルカラー LED も両方接続する必要があるので、ブレッドボードを使ってつないでください。正しくつなげたら、**図 24** や**図 25** のようになるはずです。

表4 人感センサーとフルカラーLEDの接続方法

片方の接続箇所	対応する接続箇所
Arduino の＜ 6 ＞ピン	SK6812 の＜ DI ＞
Arduino の＜ 13 ＞ピン	PIR モーションセンサーの＜ OUT ＞
Arduino の＜ 5V ＞	SK6812 の＜ 5V ＞
Arduino の＜ 5V ＞	PIR モーションセンサーの＜ VCC ＞
Arduino の＜ GND ＞	SK6812 の＜ GND>
Arduion の＜ GND ＞	PIR モーションセンサーの＜ GND ＞

図24 人感センサーとフルカラーLEDを組み合わせた接続図

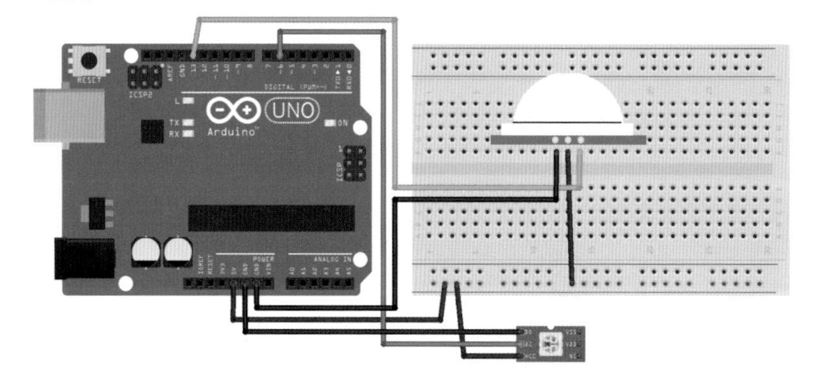

それでは、接続ができたところで最後にスケッチを書いて完成させます。人感センサーが人の動きに反応して、イルミネーションが光るようになります。

図25 正しく接続した様子

リスト８ 人感センサーに反応してフルカラーLEDを光らせる

```
#include <Adafruit_NeoPixel.h>
Adafruit_NeoPixel pixels = Adafruit_NeoPixel(10, 6, NEO_GRB + NEO_KHZ800); 1

void setup() {
   pinMode(13, INPUT); 2
   pixels.begin(); 3
   Serial.begin(9600);
}

uint32_t color(int index) {                               ┐
  switch (index) {                                        │
    case 0:                                               │
      return pixels.Color(255, 0, 0);                     │
    case 1:                                               │
      return pixels.Color(0, 255, 0);                     │
    case 2:                                               │
      return pixels.Color(0, 0, 255);                     │
    case 3:                                               │
      return pixels.Color(255, 255, 255);                 │ 4
    case 4:                                               │
      return pixels.Color(255, 255, 0);                   │
    case 5:                                               │
      return pixels.Color(255, 0, 255);                   │
    case 6:                                               │
      return pixels.Color(0, 255, 255);                   │
  }                                                       │
}                                                         ┘

void loop() {
  if (digitalRead(13)) { 5
    for(int i = 0; i < 10; i++){ 6
```

```
      for (int j = 0; j < 10; j++) { 7
        pixels.setPixelColor(j, color((j + i) % 7)); 8
        if(j==0)
          Serial.println((j + i) % 7);
      }
      pixels.show(); 9
      delay(200); 10
    }
  }
}
```

スケッチの内容を確認しましょう。**1** はライブラリが提供している Adafruit_NeoPixel という関数を使ってフルカラー LED を初期化しています。第一引数で制御する LED の個数を指定し、第二引数で何番ピンにつながっているかを指定しています。

2 では pinMode で Arduino の 13 番ピンを「入力」に設定します。これで人の動きを検出した PIR モーションセンサーから送られる信号を検知することができます。**3** でフルカラー LED の制御開始の指示を出します。

4 は 7 パターンの色を返す関数です。それぞれの色を引数の数字で指定しています。

5 は 13 番ピンから HIGH の信号があった場合、つまりセンサーが人の動きに反応した場合の条件分岐です。

6 でイルミネーションらしく色を変えるために、処理の繰り返しを 10 回行います。**7** は **6** で入った繰り返しの中で、フルカラー LED10 個分についてそれぞれの色を指定する繰り返しを行います。

8 で実際にそれぞれのフルカラー LED に対しての色を指定します。**9** は **8** までで指定した色でフルカラー LED を光らせます。

最後に、**10** は色が変化するまでの間隔を調整します。

少し長いプログラムですが、イルミネーションとして 10 個の LED を光らせるための繰り返しの部分がわかればそんなに難しくありません。実際にプログラムを書き込み、LED の光り方を試してみてください。

図26 人の動きに反応して光るフルカラーLED

防犯ブザーを作ろう

このChapterで作ったイルミネーションの仕組みを応用して、人が近づくと音が鳴る防犯ブザーを作ります。人感センサーとスピーカーを組み合わせて、実用的な仕組みを作ってみましょう。

センサーを使って防犯ブザーを作ろう

応用編では、人感センサーと圧電スピーカーを使い、人が近づいたことを検知して音を鳴らす防犯ブザーを作ります。

前節まで扱っていたフルカラーLEDの代わりに圧電スピーカーを利用しますが、イルミネーションから電子部品を差し替える程度で作ることでできます。ここで作る仕掛けは、防犯ブザーだけでなく、人がきたことを知らせるチャイムにするなど様々な利用方法があります。今回の応用例をもとにぜひカスタマイズしてみてください。

図27 防犯ブザー

圧電スピーカーの仕組み

圧電素子を使って音を鳴らすことができる電子部品が「**圧電スピーカー**」です。電圧をかけることで伸縮する圧電素子の特徴を使って、その振動で音を鳴らすことができます。

ここでは、秋月電子で売られている圧電スピーカー「SPT08」を利用します（**図28**）。

図28 圧電スピーカー［SPT08］

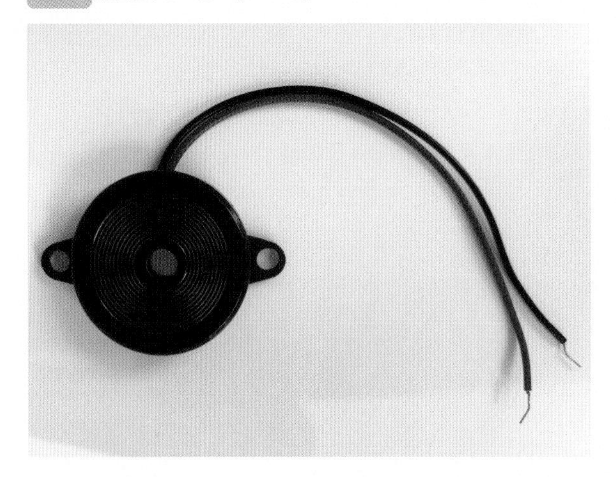

ブザーを鳴らそう

いきなり人感センサーをつなぐ前に、圧電スピーカーとしての音を出して、どんな音がするのかを聞いてみます。まずは圧電スピーカーをArduinoとつなげてみましょう。配線はシンプルなので、簡単に行えるはずです。

SPT08の赤いケーブルをArudinoの＜13＞ピンへ、黒いケーブルをArduinoの＜GND＞へつなげば完了です（**表5**）。Arduinoの＜13＞ピンから電圧をかけて、その振動によって音を流すという仕組みです。正しくつなげば**図29**や**図30**のようになるはずです。

図29 接続の仕方

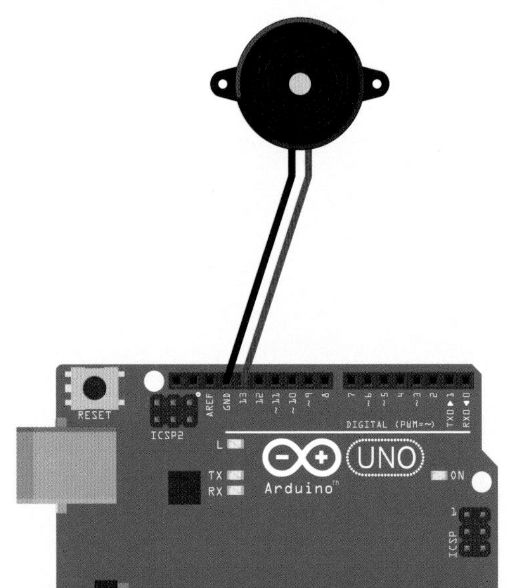

表5 圧電スピーカーの接続方法

片方の接続箇所	対応する接続箇所
Arduinoの＜13＞ピン	SPT08の赤いケーブル
Arduionの＜GND＞	SPT08の黒いケーブル

図30 SPT08をArduinoに取り付けたところ

下記は圧電スピーカーで簡単な音階を鳴らすスケッチです。Arudino IDEを開いて書き込み、Arduinoに転送してください。

リスト9 圧電スピーカーを鳴らす

```
void setup() {
}

void loop() {
  tone(13, 262, 500);  ┐
  delay(500);          │
  tone(13, 294, 500);  │ 1
  delay(500);          │
  tone(13, 330, 500);  ┘
  delay(500);
}
```

成功すると、ドレミの音が圧電スピーカーから繰り返し流れるはずです。

1では「tone関数」が出てきます。この関数では、音を出すピンの番号、出したい音の周波数、周波数を出す時間をそれぞれ指定して音を出すことができます。先ほどのスケッチでは、ドを鳴らしたい場合は2番目の引数に「262」、レの場合には「294」、ミの場合には「330」という数字をわたすことで、その音の周波数を鳴らすよう圧電スピーカーに対して指示できます。

Memo　tone 関数

書式：tone(< 音を出すピン >, < 周波数 Hz>, < 周波数を出す長さ >)
長さはミリ秒で入力します。1 秒鳴らしたい場合は「1000」と入力します。

Memo　周波数と音階

音階と周波数は、それぞれ以下のように対応しています。

ド	262
レ	294
ミ	330
ファ	349

ソ	392
ラ	440
シ	494
高いド	523

ブザーと人感センサーを組み合わせてスケッチを書こう

●圧電スピーカーとセンサーを接続する

音が鳴ったことを確認したら、圧電スピーカーを人感センサーと組み合わせます。

先ほど作った回路に、**図 31** や**図 32** のようにつながるよう、ブレッドボードを利用して PIR モーションセンサーを組み合わせます（**表 6**）。

表6　ブザーとセンサーの接続方法

片方の接続箇所	対応する接続箇所
Arduino の＜ 12 ＞ピン	PIR モーションセンサーの＜ OUT ＞
Arduino の＜ 13 ＞ピン	SPT08 の赤いケーブル
Arduino の＜ 5V ＞	PIR モーションセンサーの＜ VCC ＞
Arduion の＜ GND ＞	SPT08 の黒いケーブル
Arduion の＜ GND ＞	PIR モーションセンサーの＜ GND ＞

図31　接続の仕方

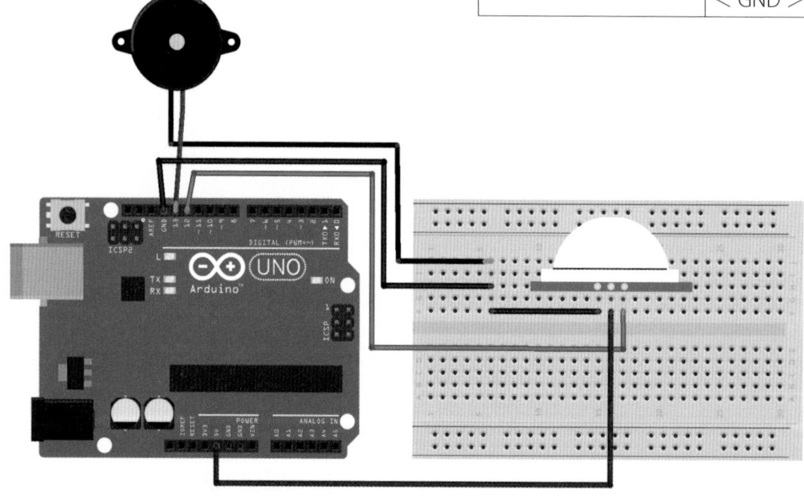

図32 Arduinoにセンサーも取り付けたところ

●圧電スピーカーを制御するスケッチを書こう

それでは総仕上げとして、人感センサーと圧電スピーカーを組み合わせたスケッチを書きます。

リスト10 人の動きに反応して圧電スピーカを鳴らす

```
void setup() {
  pinMode(12, INPUT); 1
}

void loop() {
  if (digitalRead(12)) { 2
    tone(13, 262, 500); ┐
    delay(500);         │
    tone(13, 294, 500); │ 3
    delay(500);         ┘
  }
}
```

人感センサーをフルカラーLEDと組み合わせたときよりもシンプルなコードになりました。

1 で、PIRモーションセンサーからの信号を受け取るために、pinModeでGPIOの12番ピンを入力用として設定しています。イルミネーションと違って13番ではなく、12番となっている点に注意してください。

2 の if 文は、12 番ピンからの信号が HIGH になったかどうかを判定しています。HIGH になっている場合に限り 3 が実行されます。ここでは tone 関数を使って音を出しています。

このスケッチでは、回路やスケッチ自身が正しいかどうかを検証するための目的もあって、短い時間（0.5 秒）しか音を出していません。実際に設置して防犯ブザーとして活用する場合には、3 の delay 関数の引数を大きくして、ブザーの音としての長さを調整してみてください。

図33 防犯ブザーの完成

Memo

delay 関数

書式：delay(時間)

時間はミリ秒で指定します。

Chapter 6

リモコンで動かせる扇風機を作ろう

6-1

モーターを利用して扇風機を作ろう

本章では、Arduino を使って小型の扇風機を作ります。扇風機にはモーターと赤外線を使います。ぜひ使い方を理解して面白い装置を作ってみましょう。

モーターと赤外線センサーで扇風機を作ろう

本章では、Arduino を使って小型の扇風機を作ります。扇風機は**モーター**を使ってファンを回転させ、さらに扇風機をリモート制御するために**赤外線センサー**を使います。Chapter 5 では、人感センサーの信号に応じて、つまり人が動いたことをきっかけに、LED ランプを光らせました。今回は赤外線の受信をきっかけにモーターを動かしてみたいと思います。

図1 赤外線センサーを使った扇風機

本章では、はじめにモーターを回転させる電子工作を行います。モーターはラジコンカーなどの部品として使われたりもしますが（Chapter 8 参照）、今回はモーターにプロペラを取り付けて、風を送り出す扇風機を作ります。まずは、電気を送るとプロペラが回転するだけの回路を作り、さらにタクトスイッチを加えることでスイッチのオン・オフを切り替えられるようにします。

さらに、Arduinoに赤外線を受信できるセンサーを取り付けることで、扇風機を赤外線で制御できるようにします。赤外線での制御には、センサーのほかテレビやエアコンなどで一般的に利用されているリモコンを使います。リモコンからの赤外線を受信して、モーターを制御することができます。

赤外線で制御する仕組みは、色々な電子工作に応用が利きます。この章でぜひ使い方を理解して、面白い装置を他にも作ってみてください。

図2 赤外線を受信し扇風機が回転する

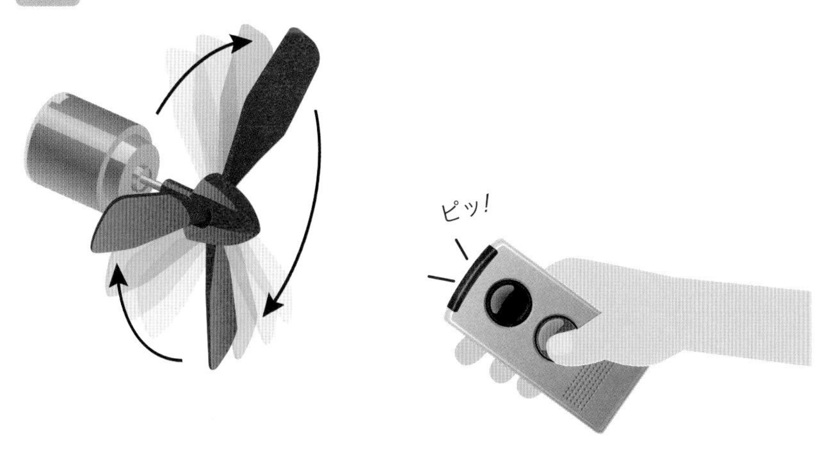

応用編で作るもの

応用編では、扇風機に**温度センサー**を組み合わせます。せっかく扇風機を作ったので、温度が高いときは扇風機が動き、温度が下がると扇風機が自動で止まるという、温度変化による自動扇風機制御装置に改造します。

図3 温度に応じて扇風機を回転させる

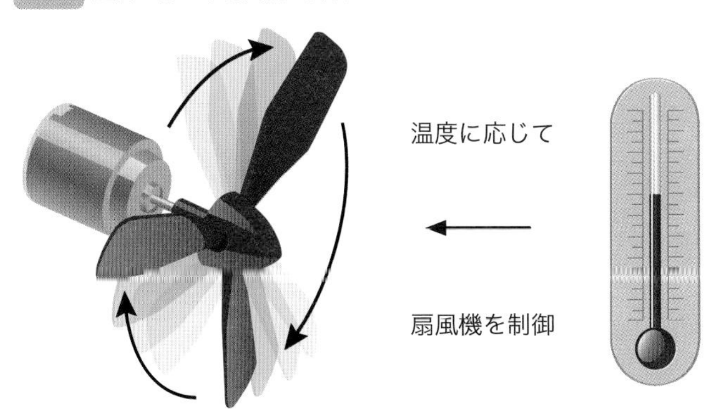

このChapterで使う電子部品

　では、このChapterで扱う電子部品について紹介します。今回利用する電子部品は以下の通りになります。なお、ブレッドボードとワイヤーは割愛しています。

表1 使用する電子部品

部品名	個数
モーター［RE-140RA］	1個
単三乾電池	2本
電池ボックス	1個
MOSFET［2SK2232］	1個
ショットキーダイオード	1個
タクトスイッチ	1個
赤外線センサー［SPS-440-1］	1個
温度センサー［LM61］	1個
抵抗（330Ω）	1個
抵抗（1kΩ）	1個

●モーター

　この章で新たに登場した電子部品についてみてみましょう。まずは**モーター**です。モーターは自動車やロボット、日常の様々な場面で利用されています。今回の場合は、モーターの回転する力を使ってプロペラを回転させ、そこから風を送り出す役割に利用します。モーターにはいくつか種類がありますが、今回はマブチモーター社の「RE-140RA」を利用します（**図4**）。

　扇風機にするには、**図5**のようにモーターにプロペラを取り付ける必要があります。プロペラはおもちゃ屋やAmazonなどの通販サービスで用意しましょう。

図4 モーター［RE-140RA］

図5 モーターに取り付けたプロペラ

しかし、モーターの利用には1つ問題があります。**モーターを動かすには、Arduinoだけでは電力が足りません。**そこで、外部の電力として**単三乾電池**を2本使います。乾電池は、**電池ボックス**に取り付けて利用します（**図6**）。

図6 電池ボックスに入った乾電池

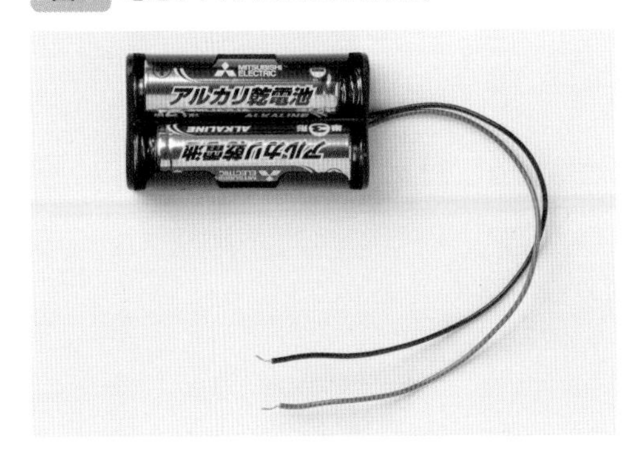

MOSFETとショットキーダイオード

MOSFETは、**乾電池からの電気供給のスイッチの役割をします。**この本では「2SK2232」というMOSFETを利用します。2SK2232からは**図7**のように3本の線が出ており、左の線から順に、

1. **ゲート**
2. **ドレイン**
3. **ソース**

と呼ばれます。ゲートに電気が流れているとき、ドレインからソースに電気が流れるようになり、乾電池の電気を使ってモーターなどを動かせます。回路を組むときは、Arduinoからゲートに対して電気を流すように回路を組みます。

図7 MOSFET［2SK2232］

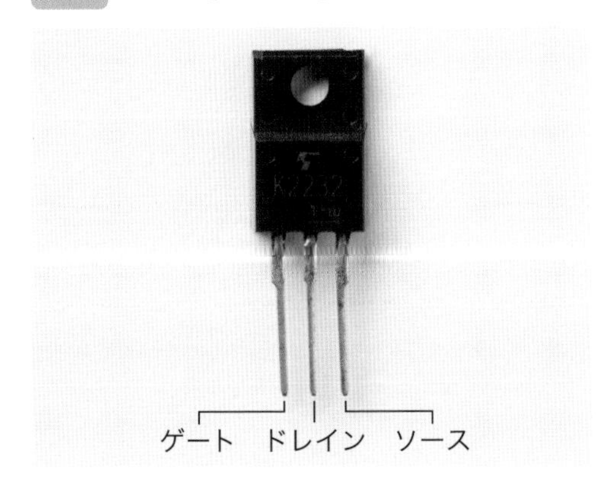

MOSFETを使う際には、**ショットキーダイオード**もセットで使用します。ショットキーダイオードは、**モーターを止めるときに電気が逆流してしまうのを防ぐために使用します。**使用する際は、MOSFETのゲートとドレインの間に配置します。

図8 ショットキーダイオード

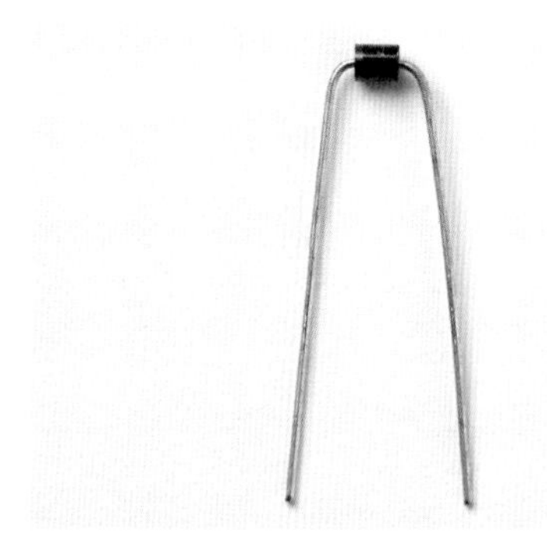

●赤外線センサー

赤外線受信の電子部品には**赤外線センサー**を使います。ここでは赤外線センサーとして「SPS-440-1」を使います。赤外線センサーは**赤外線が当たったことによって電圧が変化します。**この電圧の変化をGPIOの仕組みで検知し、赤外線を受信したと判断します。

図9 赤外線センサー［SPS-440-1］

モーターを動かすきっかけには、赤外線からの指示が必要です。そのためには赤外線を送信するリモコンが必要になるので、テレビやエアコンなどの家庭用のリモコンを用意しておいてください。

Memo **温度センサー**

応用編では赤外線センサーに代わって温度センサーを利用します。詳しい機能や使い方は応用編の冒頭（157 ページ）で解説します。

Memo **電子部品を購入する**

この Chapter で新たに出てくる電子部品は下記の URL から購入することができます。乾電池はコンビニ等で購入できるので、ここでは割愛します。抵抗については 63 ページ、タクトスイッチについては 68 ページを参照してください。

・モーター［RE-140RA］
マルツオンライン：https://www.marutsu.co.jp/pc/i/137845/

・電池ボックス
秋月電子通商：https://akizukidenshi.com/catalog/g/gP-10196/

・MOSFET［2SK2232］
秋月電子通商：https://akizukidenshi.com/catalog/g/gI-02414/

・ショットキーダイオード
秋月電子通商：https://akizukidenshi.com/catalog/g/gI-00127/
または
秋月電子通商：https://akizukidenshi.com/catalog/g/gI-00941/
でも可

・赤外線センサー［SPS-440-1］
秋月電子通商：https://akizukidenshi.com/catalog/g/gI-00614/

・温度センサー［LM61］
秋月電子通商：https://akizukidenshi.com/catalog/g/gI-11160/

6-2

モーターについて知ろう

モーターを使った回路を実際に作ります。他の種類のモーターの特徴や、モーターを使用する際の注意点も確認しましょう。

モーターの種類

モーターを動かす前に、簡単にモーターの種類について触れておきましょう。

今回使用するモーターは**直流モーターと呼ばれる種類のモーターです。**直流モーター以外にも、交流モーターや**図10**のような**サーボモーター**というものも電子工作ではよく使います。

直流モーターであってもサーボモーターであっても、**軸が回転する**という点では同じです。違う点としては、直流モーターは電気を流している間回転しているだけであるのに対し、サーボモーターは電気の流れによってモーターの角度の位置を指定することができる点です。サーボモーターはエアコンの風向きを変える用途などに用いられます。

本書ではサーボモーターは使用しません。しかし、名前と機能を覚えておいておくといずれ活用できるかと思います。

図10 小型サーボモーター

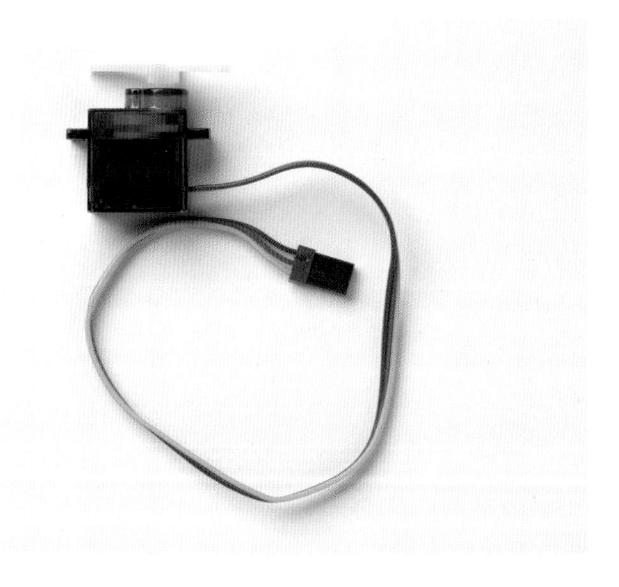

モーターの注意点

モーターを使うにあたっては注意点が2つあります。

1つ目は、**モーターの回転を妨げないようにしてください。**今回の場合はプロペラをモーターに取り付けて使用しますが、回路を組んでからモーターを動かす際、プロペラの回転を邪魔するものがないようにしてください。**プロペラが回らずロックされた状態になってしまうと、モーターが破損してしまう原因になります。**また、モーターの回転が始まるとモーターが徐々に移動してしまうこともあるため、**モーターの位置を固定させておいたほうが良いでしょう。**

もう1つの点として、**流れる電圧の大きさに注意してください。**今回使用するモーターは、1.5Vから3Vの範囲の電圧で動作するようできています。乾電池を2本直列でつないだ状態が丁度3Vとなるので、3本以上に本数を増やすと電圧がかかりすぎます。電圧をかけすぎないように注意してください。

図11　モーターは固定して利用する

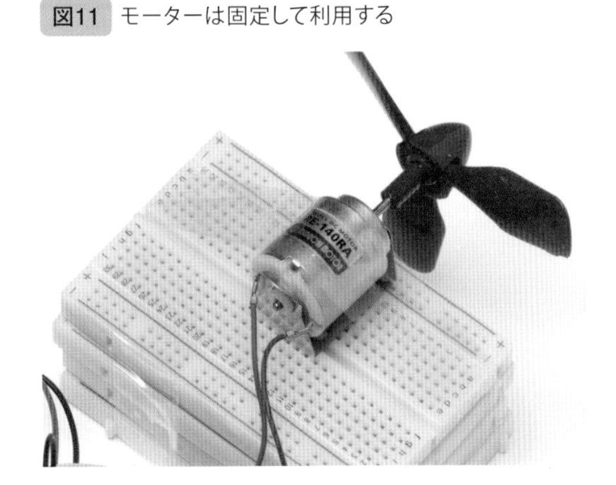

モーターを使った回路を作ろう

モーターの使い方を理解するために、まずはモーターが回転するだけのシンプルな回路を作ってみましょう。**表2**や**図12**を参考に配線していきましょう。

表2　モーターの接続方法

片方の接続箇所	対応する接続箇所
Arduinoの＜13＞ピン	2SK2232のゲート
Arduinoの＜GND＞	乾電池の－
乾電池の－	2SK2232のソース
モーターの片方の足	2SK2232のドレイン
モーターのもう片方の足	乾電池の＋
ショットキーダイオードの線が入っている方	乾電池の＋
ショットキーダイオードの線が入っていない方	2SK2232のドレイン

図12 モーターの接続図

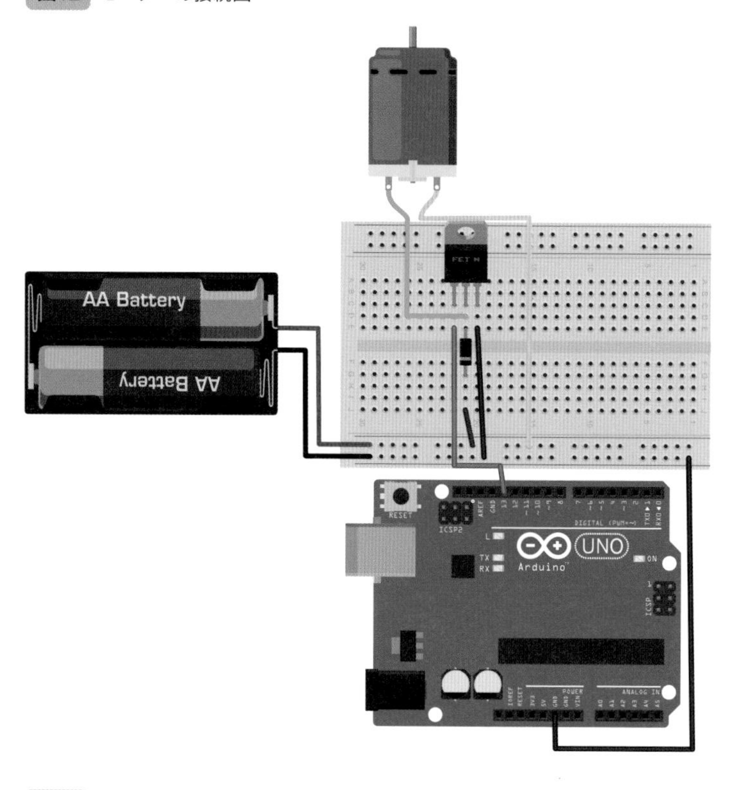

図13 モーターとArduinoがつながった様子

6-3 モーターを動かそう

モーターを動かすためのスケッチを書いていきます。モーターの制御にはこれまで使ってきたGPIOの出力の機能を使うだけですので、スケッチとしてはシンプルです。

モーターを動かすスケッチのポイント

回路を組んだら、モーターを回転させるスケッチを書きましょう。回路としては一見複雑なように見えますが、**実際にやることはArduinoからデジタル出力でMOSFETのゲートを操作するだけ**です。GPIOのオン・オフ制御によって、乾電池からのモーターへの電力供給を制御します。

モーターを動かすスケッチを書こう

それでは、モーターを動かすためのスケッチを書いてみましょう。ここでは、＜13＞ピンでGPIOへの出力を行います。

リスト1 モーターを動かす

```
void setup() {
  pinMode(13, OUTPUT);
  digitalWrite(13, HIGH);
}

void loop() {
}
```

Arduinoの起動時に＜13＞ピンに対して電気を流すだけですみますので、loop関数の中では何も行っていません。

USBケーブルでArduinoに接続してスケッチを転送し、モーターが動くか確認してみましょう。

スイッチを押している間だけモーターを動かそう

上記のスケッチのままでは、ずっとモーターが動きっぱなしになります。もうひと工夫して、スイッチを押すことによってモーターが駆動し、もう一度押すとモーターが停止するように制御してみましょう。

モーター、乾電池、MOSFETに加え、新たにタクトスイッチと1kΩの抵抗（カラーコードでは茶黒赤金）を使用します。**表3**、**図14**の通りに配線します。

図14 タクトスイッチを追加した接続図

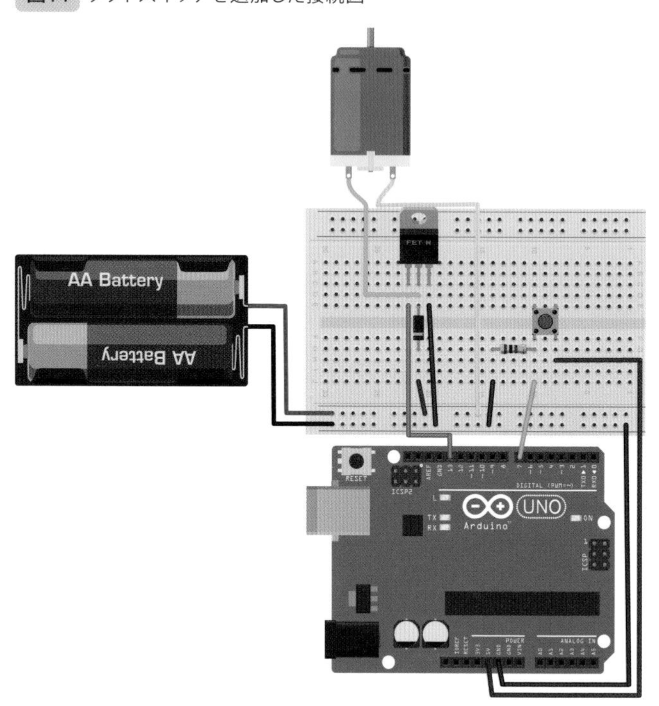

図15 モーターとタクトスイッチを接続した図

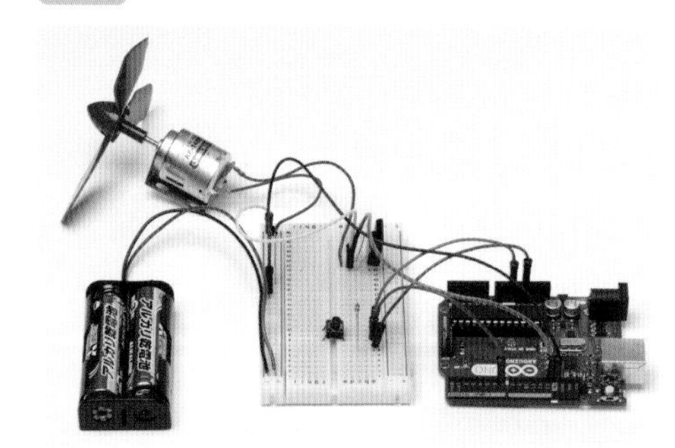

表3 タクトスイッチを追加する

片方の接続箇所	対応する接続箇所
Arduinoの＜5V＞	タクトスイッチの片方の足
タクトスイッチのもう片方の足	抵抗の片方の足
Arduinoの＜7＞ピン	タクトスイッチと抵抗がつながっている線
Arduinoの＜GND＞	抵抗のもう片方の足

配線ができたらスケッチを書きます。スケッチは以下の通りです。

リスト2 タクトスイッチでモーターの回転を制御する

```
void setup() {
  pinMode(13, OUTPUT);
  pinMode(7, INPUT);
}

void loop() {
  if (digitalRead(7)) { 1
    digitalWrite(13, HIGH); ┐
    delay(60000UL);         │2
    digitalWrite(13, LOW);  ┘
  }
}
```

まず 1 でGPIOの＜7＞ピンに電気が流れてるか調べています。＜7＞ピンにつながっているのはタクトスイッチなので、＜7＞ピンに電気が流れるのはタクトスイッチが押されているときになります。そして、2 では 1 で電気が流れている（＝タクトスイッチが押されている）と判断されたときの動きを記述しています。電気が流れている場合には、モーターとつながっているGPIOの＜13＞ピンへ60秒間電気を流しています。

なお、delay関数の引数はミリ秒ですが、60秒をミリ秒で表すと60000ミリ秒になります。**delay関数に32767より大きい数字を渡す際には、数字の最後にULと付ける必要がある**ことから、60000ULという数を引数にしています。

Memo スイッチを押すごとにオンとオフを切り替える方法

リスト2ではスイッチを押すとモーターが回転しますが、一度押したら回りっぱなしです。一度押すとモーターが回転し、もう一度押すと回転が止まる、という動きにしたい場合は、以下のようにスケッチを書き込みましょう。なお、回路は**図14**のままにしてください。

```
int state = HIGH;    ┐
int previous = LOW;  ┘1

void setup() {
  pinMode(13, OUTPUT);
  pinMode(7, INPUT);
}

void loop() {
```

```
  int val = digitalRead(7); 2

  if (val == HIGH && previous == LOW) { ┐
    if (state == HIGH)                  │
      state = LOW;                      │
    else                                │ 3
      state = HIGH;                     │
  }                                     ┘

  digitalWrite(13, state); 4
  previous = val; 5
}
```

リスト 2 のタクトスイッチのスケッチと比べて少し複雑になっています。その理由は、今モーターが動いているのか止まっているかを判断する仕組みが入っているからです。そうしなければ、タクトスイッチを押したときにモーターが動いていれば止まり、逆にモーターが止まっていれば動くという挙動は実現できません（Chapter 4 参照）。

それでは、スケッチの中身を具体的に見てみましょう。1では変数 state と変数 previous を用意しています。変数 state はモーターが動いているかどうかの状態を表しています。変数 previous はタクトスイッチがオンになったことを判定するための変数です。初期状態では変数 state は HIGH（＝モーターが動いている）、変数 previous は LOW（＝タクトスイッチがオンになっていない）にしています。

次に、loop 関数でやっている処理について確認しましょう。今回タクトスイッチを＜ 7 ＞ピンに付けましたが、digitalRead 関数でが＜ 7 ＞ピンから読み取った値を変数 val に入れています。

そして、3の if 文は変数 val が HIGH になっていて、かつ 1 つ前の処理で digitalRead 関数で読み取った値が LOW であるかどうかを判定しています。変数 val が HIGH になるのは digitalRead 関数が＜ 7 ＞ピンから値を読み取った、つまり＜ 7 ＞ピンにつながっているタクトスイッチが押されたときです。要するに、3はタクトスイッチがオフの状態で押されたかを判定しています。

この3の判定によってタクトスイッチが押されたかどうかを調べており、その条件に合致した場合、変数 state が HIGH であれば LOW に、LOW であれば HIGH に切り替えています。つまり、ここでモーターを回転させるか否かを切り替えていることになります。

しかし、3ではモーターの状態を設定しましたが、実際にその設定をモーターの動きに反映させている箇所は4の digitalWrite 関数にあたります。

最後に、5では変数 val の値を変数 previous に入れています。こうすることで、次の loop 関数の中で、以前の状態と比較するために使っています。

スケッチを転送して、実際モーターがスイッチを押すごとに動いたり止まったりするかどうかを試してみてください。

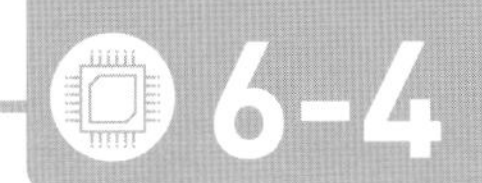

センサーを組み合わせよう

赤外線を受信する電子回路を作ります。テレビやエアコンなど家庭用のリモコンから赤外線を送信し、それを Arduino につながったセンサーが受信します。

赤外線センサーの仕組み

モーターを回転させたところで、今度はタクトスイッチの代わりに**赤外線センサー**を利用します。こうすることで、遠くからでも扇風機のオン・オフを切り替えることができます。

まず、赤外線センサーを回路に組み込む前に、赤外線とは何かを簡単に確認しましょう。

●赤外線とは

人の目に見える光線のことを可視光線と言いますが、対して目に見えない光線を不可視光線と言います。赤外線は人の目に見えないため、不可視光線にあたります。

赤外線はテレビやエアコン等のリモコンなどで、日常的に利用されています。テレビをリモコンで操作するときをイメージしていただければ分かる通り、ある程度近い範囲で、電源のオン・オフの切り替えを操作するなどの用途に向いています。

図16 赤外線の送受信

受信

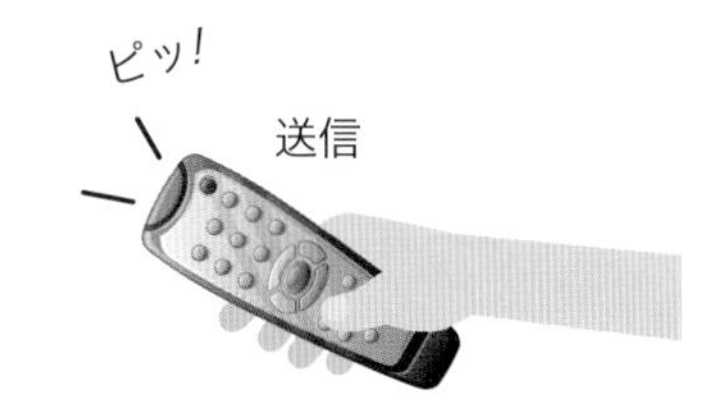

●赤外線の送信と受信

赤外線は送信側と受信側に分かれて利用されます。分かりやすくテレビとそのリモコンを例にとりましょう。リモコン側は赤外線を送信する装置になり、テレビ側は赤外線を受信する装置になります。

リモコンのボタンを押すごとに、それぞれのボタンに対応した信号が赤外線で送られます。それを受信したテレビ側で、電源のオン・オフやチャンネルの切り替えなど、押されたボタンに従った処理が行われることになります。

今回は、電子回路に赤外線を受信するセンサーを組み込みます。このセンサーが信号となる赤外線を受け取るとモーターが動きます。

赤外線センサーを使った回路を作ろう

赤外線受信を行う電子部品として**SPS-440-1**を使用します。まず表2のように配線し、SPS-440-1を**表4**のように追加してください。

なお、SPS-440-1には3本のピンが生えている側と、2本のピンが生えている側があります。ワイヤーを介してArduinoに接続するのは3本のピンの方で、それぞれ**＜GND＞**、**＜Vout＞**、**＜Vcc＞**という名前で呼ばれています。

表4 SPS-440-1の接続方法

片方の接続箇所	対応する接続箇所
Arduiinoの＜5V＞	SPS-440-1の＜Vcc＞
Arduiinoの＜11＞ピン	SPS-440-1の＜Vout＞
Arduiinoの＜GND＞	SPS-440-1の＜GND＞

図17 SPS-440-1のピン

図18 SPS-440-1を追加した接続図

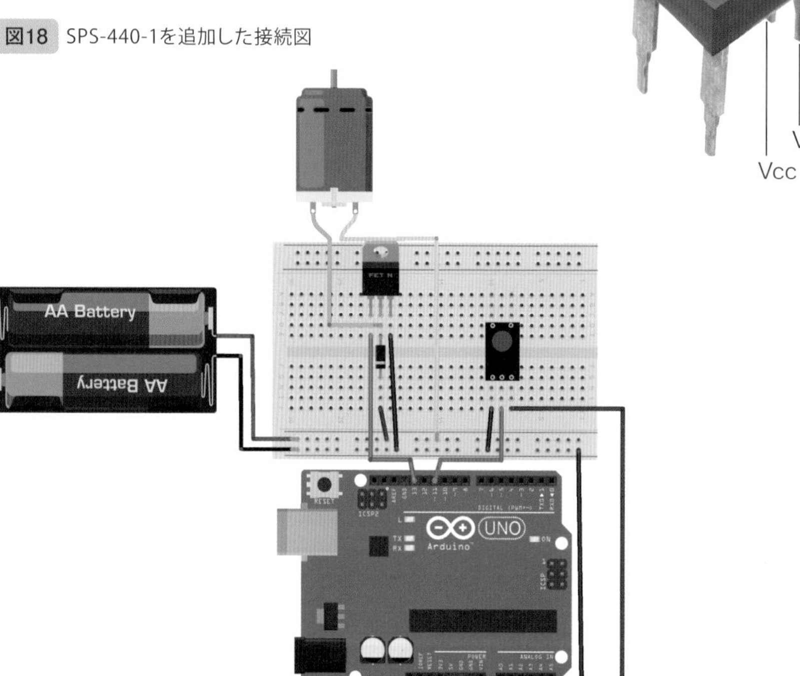

図19 SPS-440-1とモーターが接続した様子

6-5

赤外線を受信しよう

SPS-440-1から受け取った赤外線信号の解析にはライブラリを利用します。先にそのライブラリについて学び、インストール方法を理解しましょう。

赤外線を受信するライブラリ

赤外線を受信した際のデータを解析するために、今回「**IRremote**」というライブラリを使用します。

この「IRremote」は赤外線を送受信するためのArduino用のライブラリです。赤外線を送信することもできるのですが、今回は受信するための目的で利用します。

Memo　IRremoteの入手先

下記のリンクからもIRremoteは入手することができます。なお、インターネットからライブラリをインストールする方法については113ページを参照してください。

IRremoteのインストール画面

https://github.com/Arduino-IRremote/Arduino-IRremote

赤外線ライブラリをインストールしよう

Arduino IDEを使い、IRremoteのインストールを以下の手順で行います。

1 Arduino IDEの左側にある＜ライブラリマネージャー＞をクリックします❶。

図20 ＜ライブラリマネージャー＞をクリック

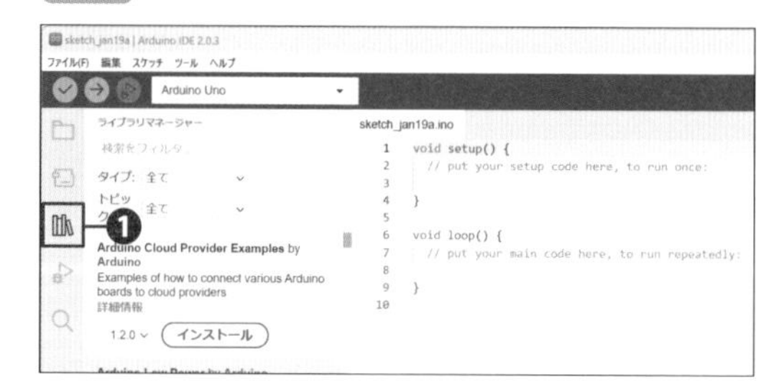

2 図21のようなライブラリマネージャーのパネルが画面左側に表示されます。＜検索をフィルタ＞に、「irremote」と入力します❶。表示される＜IRremote by shirriff＞の欄にあるインストールボタンをクリックします❷。

図21 ＜ライブラリマネージャ＞画面

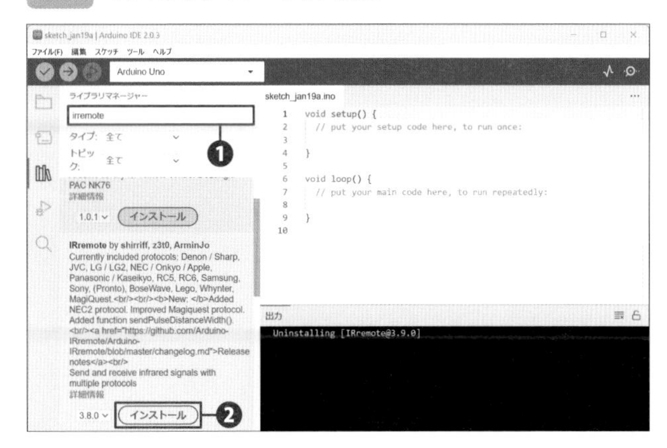

3 ライブラリがインストールされると、画面右下に「ライブラリIRremoteのインストールに成功しました。」と表示されます。もう一度＜ライブラリマネージャー＞のアイコンをクリックして＜ライブラリマネージャー＞画面を閉じて❶、引き続きスケッチの作成に移りましょう。

図22 インストール完了

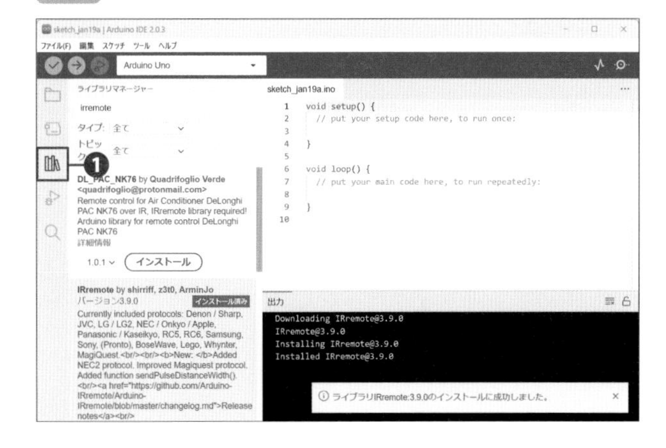

赤外線を受信するスケッチを書こう

それでは赤外線を受信してモーターを動かすスケッチを書きましょう。

通常、赤外線を受信するプログラムを書こうとすると、送信側のリモコンからどのような信号が来ているのか判断させる必要があります。例えば、リモコンの電源ボタンを押したときはオン・オフを切り替える、1番のボタンを押したときはモーターの回転を速くする、というように、それぞれの押されたボタンの信号を区別して受信して、そのボタンに応じた処理を書きます。しかし、今回は簡易版として、何かしらの信号が来たかどうかだけを判定基準として、モーターを回転させます。具体的には、リモコンのどれかのボタンが押されたことを検知するようにして、ボタンが押されてから一定期間（今回の場合10秒間）モーターを動かしてみたいと思います。

リスト3 赤外線を感知してモーターを回す

```
#include <IRremote.h>    ─┐1
IRrecv irrecv(11);       ─┘

void  setup ( ) {
  Serial.begin(115200);
  irrecv.enableIRIn();
  pinMode(13, OUTPUT);
}

void  loop ( ) {
  decode_results  results;                ─┐2
  if (irrecv.decode(&results)) {          ─┘
    digitalWrite(13, HIGH); ─┐
    delay(10000);            │3
    digitalWrite(13, LOW);  ─┘
    irrecv.resume();
  }
}
```

最初に、SPS-440-1が赤外線を受信したか読み取るため、インストールしたライブラリを使い 1 でGPIOの＜11＞ピンを赤外線受信用に設定しています。さらに、モーターを制御するために＜13＞ピンを出力として設定しています。

次いで 2 では赤外線を受信しているか＜11＞ピンをチェックします。赤外線を受信すると、irrecv.decode関数の結果が真になり、if文に入ります。if文の中身にあたる 3 では＜13＞ピンで制御しているモーターをHIGHに設定し（＝モーターを回転させ）、10秒後にLOWになる（＝モーターの回転を止める）という処理を行っています。

スケッチがうまく動けば、簡単ながら遠隔操作ができる扇風機が完成するはずです。試してみてください。

図23 赤外線に反応して回る扇風機

Step up

温度に応じて自動でモーターを動かそう

応用編では、赤外線受信によってモーターが回転するのではなく、温度によって自動的にモーターが回転する仕組みを作ります。

温度センサーを使おう

この章では、まずは基本的なデジタル出力でモーターを回し続け、次にタクトスイッチを押すとモーターが回り始めるようにしました。さらに赤外線センサーを使うことで、遠くからでもモーターが回転するきっかけを作りました。最後に、周囲の温度に応じて全自動でモーターが回るようにしてみましょう。

温度を知るためには**温度センサー**を利用します。今回はモーターを動かすかどうかの判断に使用します。ここでは扱いませんが、温度センサーを使用すれば温度の値を逐一取得してそれをインターネット上のサーバに送信するということも実現できます。

今回使用する温度センサーは、ナショナルセミコンダクター社「**LM61**」です。LM61は、-30度から100度までの範囲で温度を調べることができます。日常生活で温度を調べるには十分な範囲でしょう。温度センサーは種類によって精度が異なります。どの程度の誤差を許容するのかでセンサーを選ぶのが良いと思います。

図24 温度センサー[LM61]

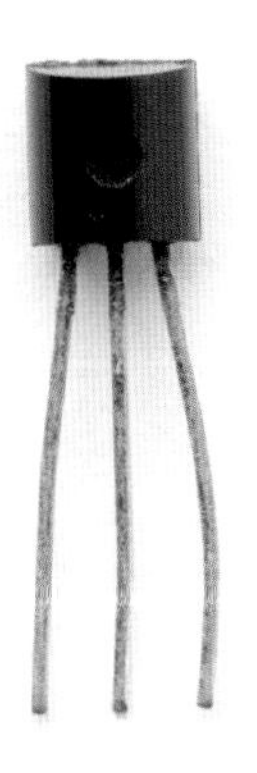

温度センサーを使った回路を組もう

温度センサーの使い方

LM61 を使った回路を組む前に、使い方を確認しましょう。

LM61 からは 3 本の線が出ています。これをブレッドボードに対して線を広げながら差し込みます。このとき、**LM61 は上から見ると平たい側と丸みを帯びている側があることに注意**してください。上から見て、**図 25** のように**丸みのある方がブレッドボードの外側を向くように差し込んでください。**

また、**図 26** のように丸みを帯びている側を手前にしたとき、左から**＜ GND ＞**、**＜ VOUT ＞**、**＜ +VS ＞**という名称がついた線が出ています。接続時に出てくるので覚えておいてください。

図25 LM61の刺し方

図26 LM61の線の名称

接続の仕方

それでは温度センサーを取り付けます。回路をわかりやすくするため、まずは温度センサーと Arduino だけのシンプルな回路を作り、シリアル通信でセンサーが動くか確かめてみます。ほかに必要な電子部品はありません。

Arduino と 3 本の線を以下のように配線します。

図27　LM61の接続図

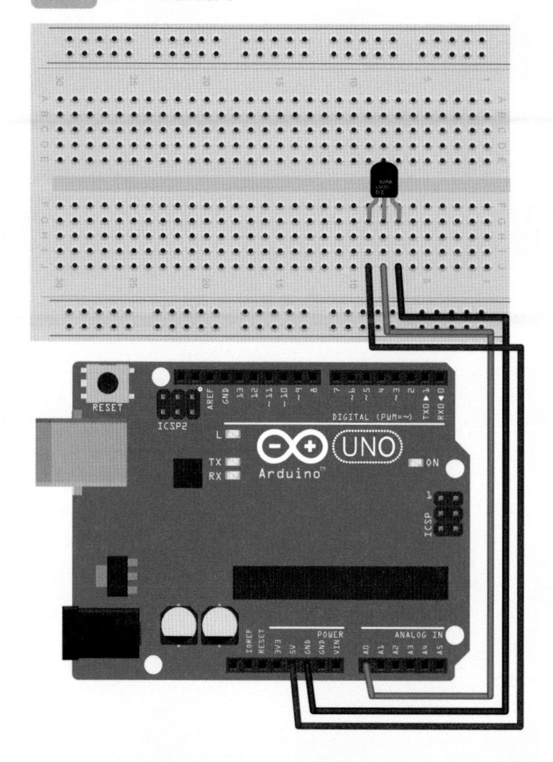

表5　LM61の接続方法

片方の接続箇所	対応する接続箇所
Arduinoの＜5V＞	LM61の＜+VS＞
Arduinoの＜A0＞	LM61の＜VOUT＞
Arduinoの＜GND＞	LM61の＜GND＞

温度を読み取るスケッチを書こう

LM61は、**0.3Vから1.6Vの範囲の間でアナログ入力の値をArduinoに送ります。**この値によって温度が分かる仕組みになっています。

具体的には、-30の外気温のときは0.3Vの電圧になり、気温が100度のときは電圧が1.6Vになります。現実的な値としては、24度くらいだと0.84Vになります。こうした電圧の値を読み取って、温度を算出します。

図28　LM61が送る電圧と温度

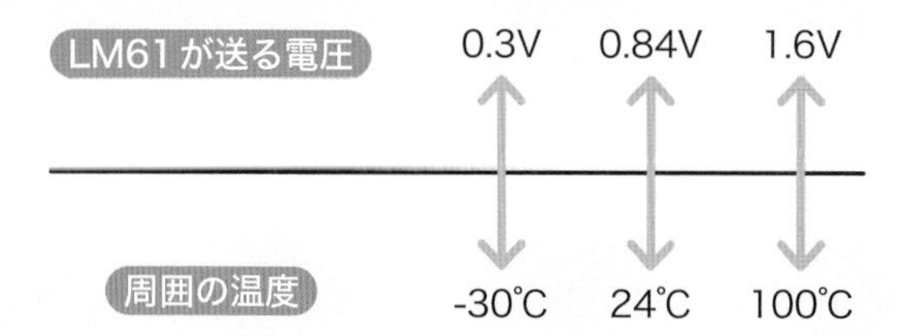

LM61が送る電圧を温度へ変換するために利用するのが、**map関数**という便利な関数です。

map関数は、ある範囲内の数値を、別の範囲内の数値に変換するときに使います。引数として「今の値」、「今の値がある範囲」、「変換したい範囲」を渡すことで、変換したい範囲上の値に変換してくれます。

リスト4 map関数

```
map(<値>, <現在の範囲の下限>, <現在の範囲の上限>, <変換後の範囲の下限>, <変換後の範囲の上限>)
```

map関数の注意点として、**map関数が返すのは整数の値のみなので、小数点が含まれる数値は計算できません。**例えば、0～1023の間でアナログ出力される値を、0.0～5.0の間の電圧に置き換えたいのですが、これではうまく行きません。そこで計算するための工夫が必要になります。

リスト5 計算できないmap関数の例

```
int v = map(data, 0, 1023.0, 0.0, 5.0);
```

ここで、例えば3.3という値がmap関数の戻り値として本来返ってくる場合でも、int型の変数vの値は少数点を含む数ではなく3.0のようになってしまいます。このため、電圧の値を0から5000というように1000倍の値で考えて、

```
int v = map(data, 0, 1023, 0, 5000);
```

とします。このとき、0.3Vと1.6Vも1000倍にして、

```
int temp = map(v, 300, 1600, -30, 100);
```

と再度計算させればLM61が検出した温度が取得できます。

最終的には以下のスケッチで温度を取得することができます。

リスト6 温度を取得する

```
void setup() {
  Serial.begin(115200);
}

void loop() {
  int data = analogRead(0);
  int v = map(data, 0, 1023, 0, 5000);
  int temp = map(v, 300, 1600, -30, 100);
  Serial.println(String(v) + " -> " + String(temp));
  delay(500);
}
```

スケッチをアップロード後、シリアルモニタをクリックして以下のように温度が表示されるか確認してみてください。

図29 LM61が取得した温度をシリアル通信で確認する

図29の左側の数字は電圧を1000倍したものになるので、850という数字は0.85Vを表しています。対して、右の数字はその電圧に対応する温度の値を表しています。

Memo　int型

型の一種。詳しくは93ページ参照。

Memo　Serial.println関数で複数の文字列を組み合わせる

Serial.printlnはシリアル通信（104ページ参照）で使う関数です。""で囲むことで、文字列も引数として利用できます。また、複数の引数は「+」で結ぶと、並べて表示されます。

モーターを動かすスケッチを書こう

LM61の使い方がわかったところで、最後にモーターと組み合わせます。159ページの通りLM61を接続して、さらにモーター、乾電池、MOSFET、ショットキーダイオード、抵抗を**表6**のように配線していきましょう。

表6 モーターとLM61の接続方法

片方の接続箇所	対応する接続箇所
Arduinoの＜7＞ピン	2SK2232のゲート
Arduinoの＜GND＞	乾電池の−
乾電池の−	2SK2232のソース
モーターの片方の足	2SK2232のドレイン
モーターのもう片方の足	乾電池の＋
ショットキーダイオードの線が入っている方	乾電池の＋
ショットキーダイオードの線が入っていない方	2SK2232のドレイン

図30 モーターと明るさセンサーを組み合わせた接続図

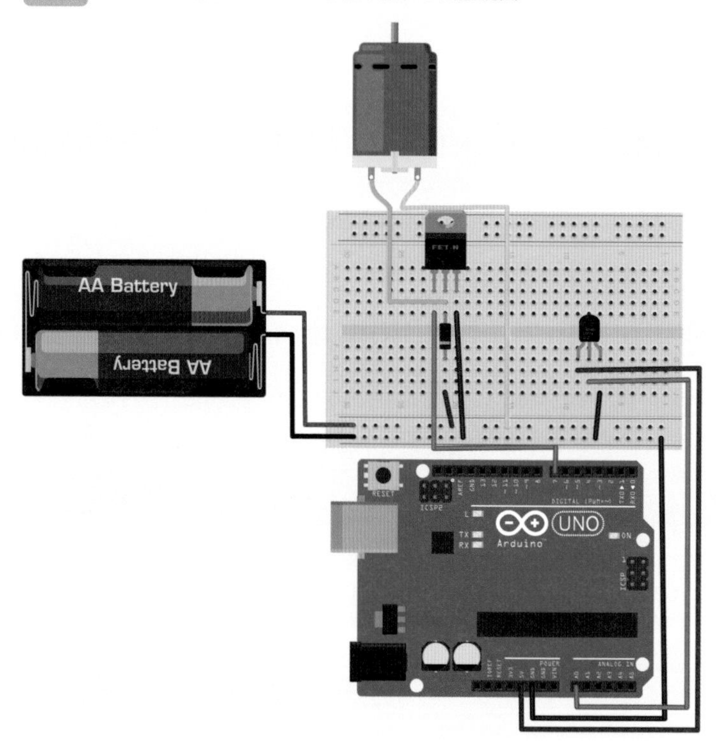

図31 LM61とモーターが接続した様子

回路の作成が終わったらスケッチを修正します。先ほどの温度を調べるスケッチを修正し、25 度以上になったらモーターを動かすようにします。

リスト7 温度に応じてモーターを回す

```
void setup() {
  Serial.begin(115200);
  pinMode(7, OUTPUT); 1
}

void loop() {
  int data = analogRead(0);
  int v = map(data, 0, 1023, 0, 5000);
  int temp = map(v, 300, 1600, -30, 100);
  Serial.println(String(v) + " -> " + String(temp));

  if (temp > 25) {
    digitalWrite(7, HIGH);
  } else {                          2
    digitalWrite(7, LOW);
  }

  delay(500);
}
```

リスト 6 の内容に加えて、モーターを出力させる仕組みが必要になります。まず **1** でGPIO の＜7＞ピンを出力に設定します。

さらに、**2** の部分で温度の数値によって GPIO の＜7＞ピンから電気を流すかどうかの判断をしています。温度の値は map 関数によって算出され、変数 temp に代入されています。このスケッチの場合は、25 度を超えた場合に電気が流れ、モーターが駆動するようになっています。

この温度の判定の部分はみなさんの環境によって変わってくるでしょう。**2** の (temp > 25) の 25 を別の数値に変えて試してみてください。

スケッチの内容を確認するために、Arduino を外に置いてみたり、あるいは別の部屋に持って行くなどして温度の変化があることを確認してみてください。

図32 温度に反応して回転するモーター

Chapter 7

インターネットと連携しよう

7-1

押すと定型文を送信するスイッチを作ろう

このChapterでは、これまでの電子工作の流れから少し変わり、Arduinoを使ってインターネットにつながる方法を説明します。IoTなテーマになっていると思いますのでぜひ読んで試してみてください。

Arduinoをインターネットにつなごう

本書は電子工作をテーマにしていますが、このChapterでは少し趣向を変えて**IoT**を意識した作例に挑戦したいと思います。

Wi-Fiに接続できるモジュールを利用して**Arduinoをインターネットにつなげてみます。**さらに、**IFTTT（イフト）**というサービスを使って、Arduinoにつながったタクトスイッチを押すことで、LINEに送信する方法を解説します。

図1 Wi-FiとIFTTTを利用してArduinoからLINEに送信する

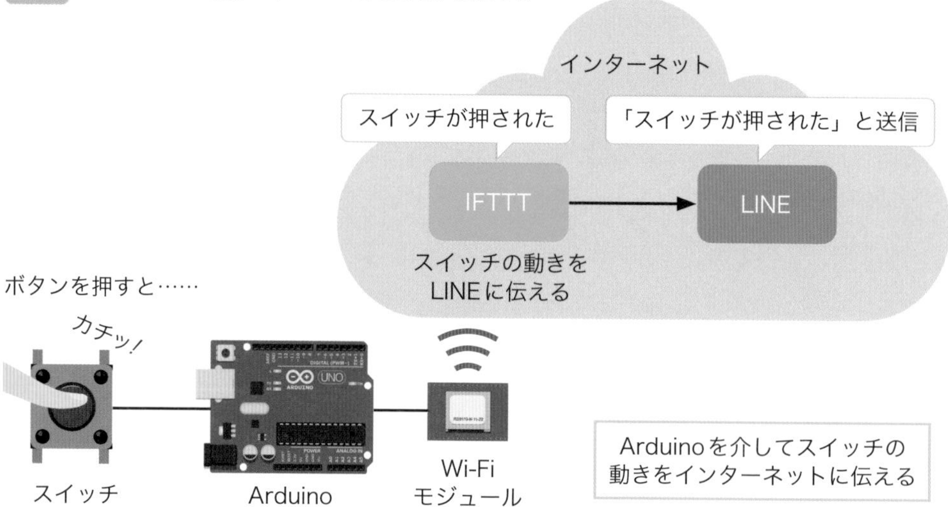

また、せっかく電子部品とつながるArduinoを利用しているので、単にインターネット上に送信するだけではなく、**応用編ではLINEに自動で温度を送信する方法を説明します。**この場合、タクトスイッチの代わりに温度センサーの反応を、IFTTTを使ってLINEに送信します。

図2 自動で温度をLINEに送信する

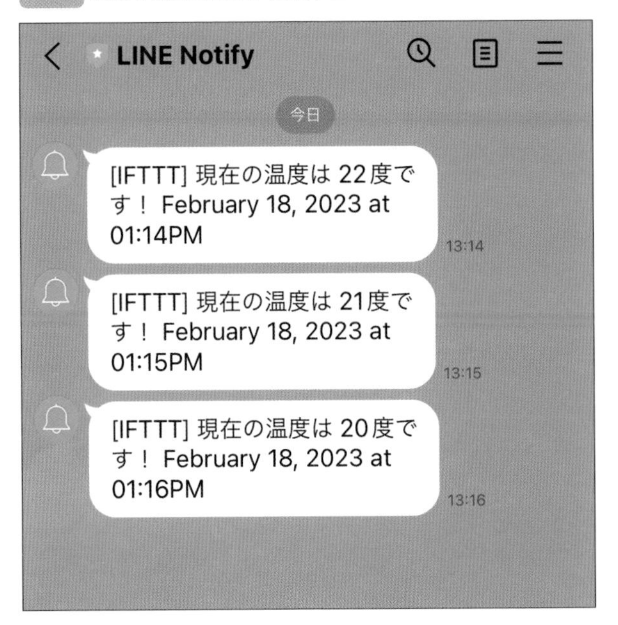

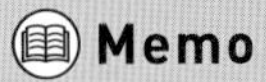

IoT

「Internet of Things」（「モノのインターネット」という意味）の略称。物がインターネットにつながる仕組みのこと。

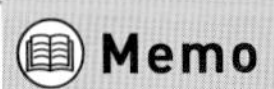

IFTTT

Webサービスの一種。複数のWebサービスを連携させることができる。詳しくは178ページ参照。

このChapterで使う電子部品

この Chapter で利用する電子部品は以下の通りです。なお、ブレッドボードとワイヤーは割愛しています。

表1 使用する電子部品

部品名	個数
ESPr Developer（ピンソケット実装済）	1個
タクトスイッチ	1個
抵抗（330 Ω）	1個
温度センサー［LM61］	1個

図3 ESPr Developer（ピンソケット実装済）

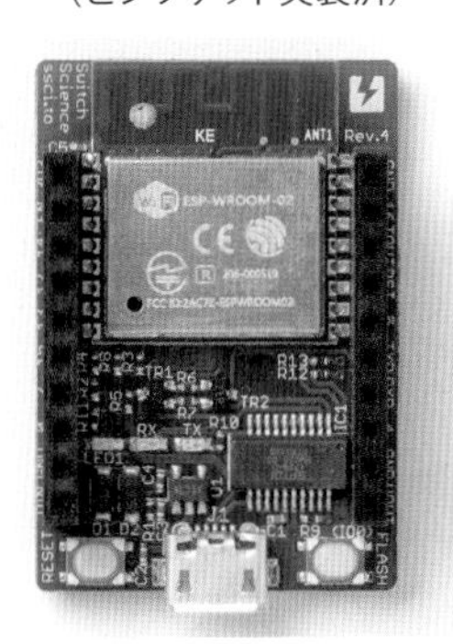

タクトスイッチ、抵抗、応用編で使う温度センサーはこれまでのChapterで扱ったものと同じです。本章で扱う新たな、かつ重要なパーツが **ESPr Developer** という製品です。

このChapterではArduinoをインターネットにつなぎますが、Arduino単体ではインターネットに接続することはできません。そこで利用するのがESPr Developerです。ESPr Developerは、ESP-WROOM-02というWi-Fiモジュールが載っていて、**Wi-Fiを利用したインターネットへの接続を可能にしてくれるパーツになります。** ESPr Developerへシリアル通信でArduinoから指示を出すことによって、ESPr Developerを経由する形でインターネットへの接続を行います（**図4**）。

図4　ESPr Developerでインターネットとつながる

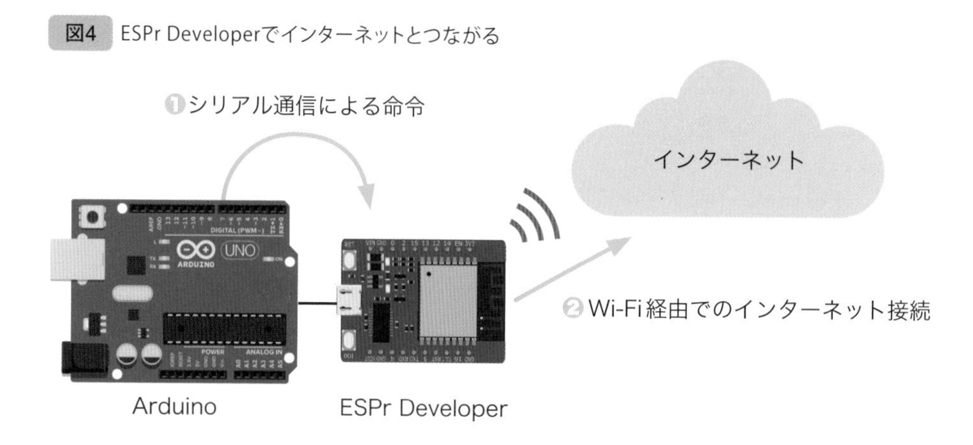

なお、ESPr Developerにはピンソケット付きとそうでないものがありますが、今回ははじめからピンソケットが付いている「ESPr Developer（ピンソケット実装済）」という製品を利用します。

また、ESPr Developerはほかの電子部品と少し違う使い方をします。これまでは基本的にブレッドボードを経由して電子部品をArduinoと接続してきました。しかし、ESPr Developerのピンソケットにはジャンパーワイヤーが入るようになっています。ですので、**ブレッドボードは使用せずに、直接ジャンパーワイヤーをESPr Developerに差し込んで使います。**

それでは、このChapterでESPr Developerの扱い方をマスターして、面白いIoT作品を作ってみましょう。

Memo　**ESPr Developerを購入する**

ESPr Developer（ピンソケット実装済）は下記のWebサイトから購入できます。

スイッチサイエンス：https://www.switch-science.com/catalog/2652/

7-2

ESPr Developerを利用しよう

ESPr DeveloperとArduinoを組み合わせます。さらに、Arduinoをインターネットに接続するスケッチも書いてみましょう。

ESPr Developerの仕組み

ESPr Developerのピンの役割

それでは、ESPr DeveloperをArduinoに接続してみましょう。ブレッドボードも使わず、ジャンパーワイヤー4本でつなぐだけなので、簡単につなぐことができます。

その前に、ESPr Developerのソケットがどのピンにつながっているのかを知っておく必要があります。というのも、Arduinoの場合、それぞれのピンがどこに対応しているか（例えば＜0＞や＜A1＞などの数字や＜GND＞など）分かりやすくソケット横に明記されていますが、ESPr Developerの場合はソケットの横を見てもそれがわかりません（**図5**）。

図5　ArduinoとESPr Developerのピンの違い

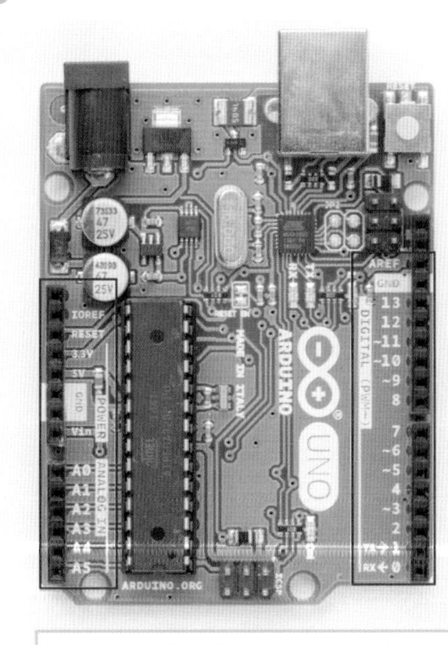

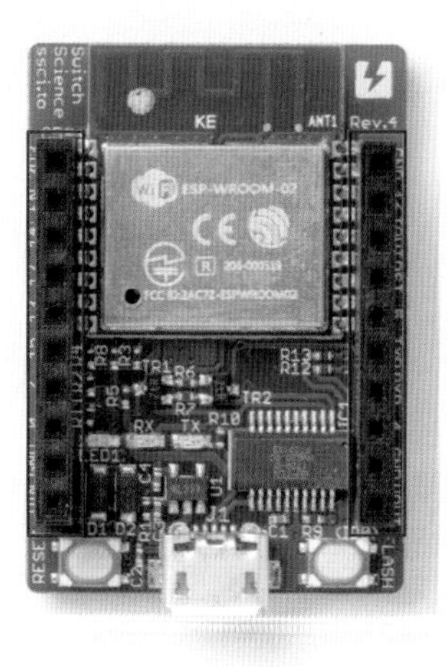

Arduinoと異なり、ESPr Developerはピンの隣に枠割が明記されていない

ESPr Developerの場合、**ピンソケットの枠割は基盤の裏側に記載されています。**裏側にひっくり返してみると、ピンの名称が載っています。

図6 ESPr Developerの裏側

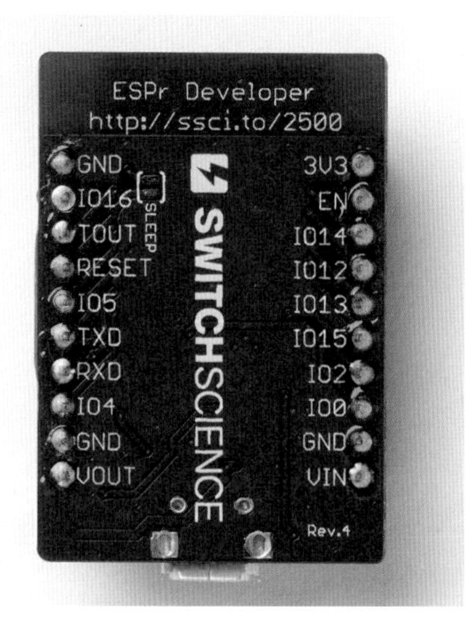

図6を見ればわかるように、ESPr DeveloperにもArduinoと同じように、GNDやIO16（ArduinoのGPIO＜16＞ピンと同じ）などの名称が並んでいます。

●ESPr DeveloperをArduinoに接続する

ここでは、ESPr DeveloperのVIN、GND、RXD、TXDの4ピンを使ってArduinoと接続します。ESPr Developerの基盤の裏側を見て、ピンの位置を確認しながら以下の通り配線してください。

表2 ESPr Developerの接続方法

片方の接続箇所	対応する接続箇所
Arduinoの＜3＞ピン	ESPr Developerの＜RXD＞
Arduino＜2＞ピン	ESPr Developerの＜TXD＞
Arduinoの＜GND＞	ESPr Developerの＜GND＞
Arduinoの＜5V＞	ESPr Developerの＜VIN＞

図7 ESPr Developerの接続図

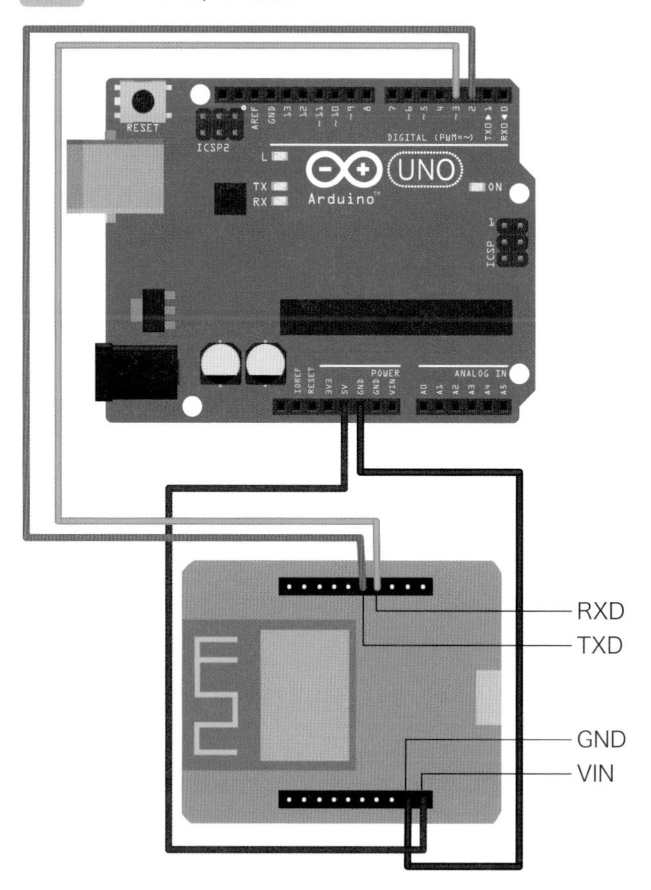

インターネットに接続しよう

●ESPr Developerでインターネットに接続する仕組み

ESPr Developerの接続が完了したら、インターネット上のサイトとArduinoを介して通信してみましょう。ここでは、本書の発行元である技術評論社のウェブサイトへArduinoから通信してみましょう。通常は図8のようにブラウザを使ってWebサイトを見るのですが、今回はESPr Developer経由でアクセスして、WebサイトのHTMLをシリアル通信で表示してみます。

図8 技術評論社のウェブサイト（https://gihyo.jp/）にブラウザからアクセスした画面

HTML

「Hyper Text Markup Language」の略。Webサイトの構造を記述する言語で、WebサイトはHTMLを利用して作成する。

Arduinoでインターネットと通信する仕組みを簡単に見てみましょう。

まず、ArduinoがESPr Developerに対してシリアル通信を使って命令を送ります。先ほどArduinoの＜3＞ピンをESPr Developerの＜RXD＞に、＜2＞ピンを＜TXD＞につないだかと思いますが、**シリアル通信ではRXDは受信用に使われ、TXDは送信用に使われます。**ですので、Arduinoでは送信用に＜3＞ピンを使い、ESPr Developerの＜RXD＞がそこから送られるデータを受信します。逆に、ESPr Developerでは送信用に＜TXD＞を使い、Arduinoの＜2＞ピンがそこから送られるデータを受信します（**図9**）。

Arduinoから送信する命令の内容は、接続したいWi-FiのSSIDとパスワードの設定、アクセスするWebサイトのURLなどです。これらの指示を受けたESPr Developerは、Wi-Fiへの接続やインターネットへのアクセスを行ってくれます。

図9　ArduinoとESPr Developerの通信の仕組み

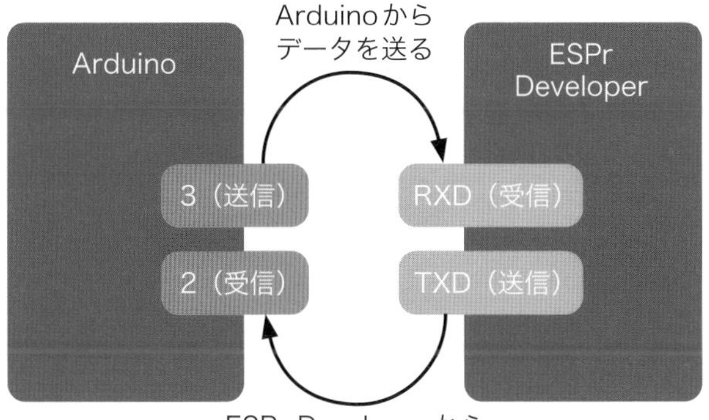

●ライブラリをインストールする

インターネットにArduinoからESPr Developerを使って接続するにあたり、**Arduino ESPAT**というライブラリをインストールします。

Arduino IDEを立ち上げて、<ライブラリマネージャー>をクリックします❶（図10）。なお、メニューから<スケッチ>を選び、<ライブラリをインクルード>を選んだ中にある、<ライブラリを管理>を選択しても同じです。

図10　<ライブラリマネージャー>を選択する

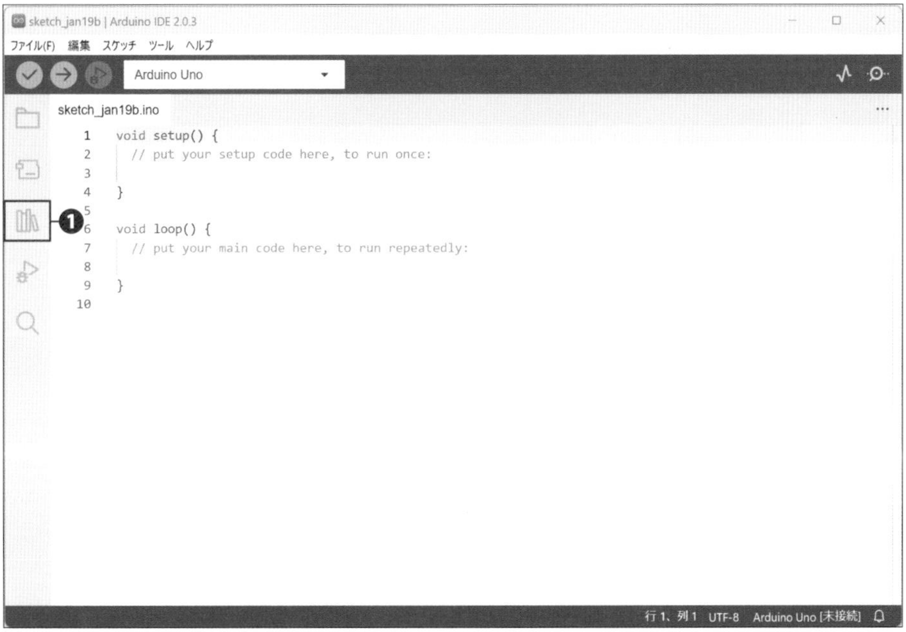

画面左に<ライブラリマネージャー>が表示されるので、<検索をフィルタ ...>をクリックして「arduinoespat」と入力します❶。「ArduinoESPAt by nyampass」という項目が表示されるので、その項目にある<インストール>ボタンをクリックします❷。

図11 <ライブラリマネージャ>画面

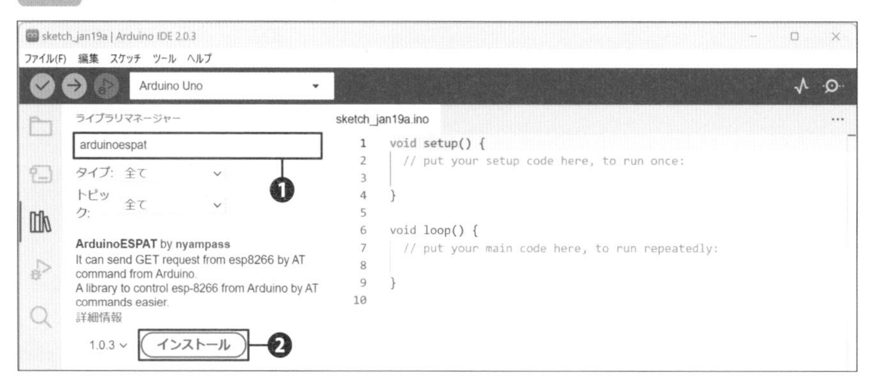

これでArduinoESPATのインストールが完了します。**図12**のように「ライブラリArduinoESPAT:1.0.1のインストールに成功しました。」と表示されたことを確認し、再度画面左の<ライブラリマネージャー>アイコンをクリックすると❶、<ライブラリマネージャー>の画面が閉じます。

図12 インストール完了

●スケッチを書く

新たに入れたArduinoESPATライブラリを使ってスケッチを書きましょう。任意のWebサイトのHTMLをシリアル通信で表示するスケッチです。

リスト1 ESPr DeveloperでWebサイトにアクセスする

```
#include <SoftwareSerial.h>
#include "ArduinoESPAT.h"

ESPAT espat("SSID", "PASSWORD"); 1

void setup() {
  Serial.begin(115200); 2

  if (espat.begin()) {
    Serial.println("Initialize OK");
  } else {                                  3
    Serial.println("Initialize Fail");
  }

  if (espat.changeMode(1)) {
    Serial.println("Mode OK");
  } else {                              4
    Serial.println("Mode not OK");
  }

  if (espat.tryConnectAP()) {
    Serial.println("Connected");
  } else {                                5
    Serial.println("Connect Failed");
  }

  Serial.println(espat.clientIP()); 6

  Serial.println(espat.get("gihyo.jp", "/book/", 80)); 7
}

void loop(){
}
```

それではスケッチ上のポイントをみていきましょう。

まず、1でArduinoESPATライブラリを使うことで利用できるESPATと呼ばれるものを使って、Wi-FiのSSIDおよびパスワードを設定しています。

この箇所はご自宅などのWi-Fiルーターの SSID、パスワードを確認して必ず修正するよう

にしておいてください。例えば、SSIDが「hogehoge」、パスワードが「ppsswwdd」の場合、

```
ESPAT espat("hogehoge", "ppsswwdd");
```

というように**1**を書き換えます。

2では、ESPr Developerから受け取ったシリアル通信の結果を、Arduinoがシリアルモニタで表示するための設定をしています。

> **Memo** **Serial.begin関数**
>
> シリアル通信を行う際の速度を設定します。引数となる速度の単位はbpsです。Serial.begin関数とbpsについては105ページを参照してください。

次に、**3**ではespat.beginという関数を呼び出して、**ESPr Developerとやり取りするための準備をしています。**成功すればシリアルモニタ上に「Initialize OK」と表示され、失敗すれば「Initialize Fail」と表示されます。

4では**ESPr Developerのモードを設定しています。**ESPr Developerにはいくつかのモードがあり、例えばESPr Developer自体がアクセスポイントになるようなモードもあります。本書ではWi-Fiに接続するモードのみ設定して使用します。設定が完了すればシリアルモニタ上に「Mode OK」と表示され、失敗すると「Mode not OK」と表示されます。

そして、**5**で**実際にWi-Fiへの接続を試します。**接続がうまくいくとシリアルモニタ上に「Connected」と表示されます。もし**1**で記述したWi-FiのSSIDやパスワードが誤っていたり、あるいは電波への距離が足りなかったりなどでうまく行かない場合は「Connect failed」と表示されます。

6ではWi-Fiに接続できた場合に、ESPr DeveloperのIPアドレスを表示します。**5**でWi-Fiに接続できなかった場合表示されません。

> **Memo** **IPアドレス**
>
> インターネット上につながった機器に割り振られるIDのような番号。ESPr DeveloperにもWi-Fiに接続した際にIPアドレスが割り当てられます。

最後に、**7**でgihyo.jpへのアクセスを行い、その結果を表示させます。**7**ではSerial.println関数の中で、「espat.get」という関数を記述しています。この関数は3つの引数を取るようになっていて、それぞれ「接続するホスト」、「パス」、「ポート番号」となっています。

どういうことか理解するには、URLの構成を理解する必要があります。普段アクセスする

URLは、大雑把に以下のような構成になっています。

http://<ホスト><パス>

今回でいうと、

http://gihyo.jp/

というURLにアクセスしたいのですが、この場合にホストが"gihyo.jp"になり、パスが"/"に該当します。ポート番号というのはURLにアクセスする際に必要になるデフォルトの番号で、ここでは「80」がポート番号となります。よって、espat.getの命令で

```
espat.get("gihyo.jp", "/book/", 80)
```

という呼び出しをしているということは、結果的に「http://gihyo.jp/」にアクセスしているということになります。

このスケッチを書いてArduinoに転送してください。スケッチの転送が終わったら、Arduino IDE上のシリアルモニタのボタンを押してください。

Wi-Fiへの接続が成功し、インターネットへのアクセスが正常にできた場合には**図13**のような結果が表示されます。ただ、この結果は暗号化されていないHTTPというアクセス方法で技術評論社のウェブサイトにアクセスしており、暗号化されているHTTPSである、https://www.gihyo.jp/book/へ移動するように誘導するための情報が出ています。

本来であればHTTPSに対応した表示を行いたいところなのですが、そのための対応を行うと本書の主旨から離れた複雑な話になってしまうため、今回はHTTPでの表示結果が出るところまでに留めたいと思います。

図13 インターネットへのアクセスが成功したシリアルモニタ

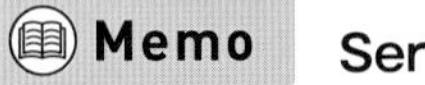

Serial.println関数

シリアル通信の際にデータを送りこむ関数。詳しくは106ページ参照。

Chapter 7　インターネットと連携しよう

7-3

IFTTTを利用しよう

Arduino から LINE へ送信します。LINE に送信するには色々な方法がありますが、今回は IFTTT（イフト）というサービスを使うことで、比較的簡単に送信を実現します。

IFTTTとは?

それでは、Wi-Fi を介して Arduino から LINE へ送信する装置を作ってみます。LINE に送信する方法は色々ありますが、今回は **IFTTT（イフト）** という Web サービスを使います。IFTTT を使うことで、LINE への送信を比較的簡単に行えます。

まずは IFTTT とは何かを知っておきましょう。IFTTT とは、一言で言うと**インターネット上にあるサービスを連携してくれるサービス**です。

インターネット上には数多くの Web サービスがあります。例えば Facebook や LINE といった身近な SNS や、Gmail などといったメールサービス、Dropbox などといったファイル保存サービスなど様々です。こうしたサービスは API という機能が提供されていて、**プログラムを組むことによって外部からそのサービスの機能を使うことができるようになっています。**

図14 IFTTTのWebサイト

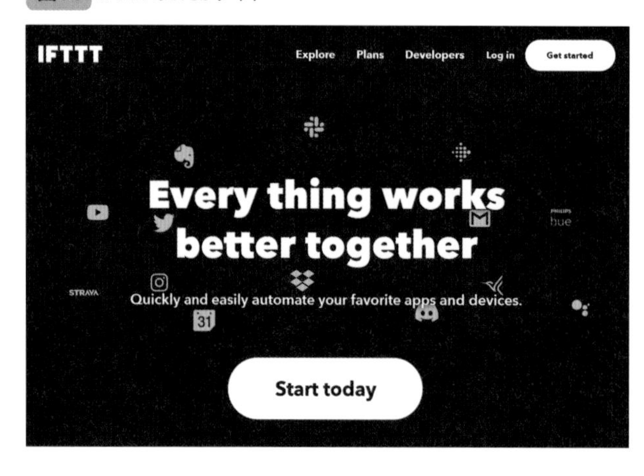

API

「Application Programming Interface」の略。あるサービスの機能を外部からでも利用できるようにするインターフェースのこと。

IFTTT はそれらのサービスをつなげてくれるサービスです。IFTTT の利用者は複数のサービスを連携させて、例えば以下のようなことを実現できます。

・Gmailに届いたメールの内容をLINEに通知する
・明日の天気情報をスマートフォンに通知する

これらはほんの一例です。各サービスの色々な機能を組み合わせることができるので、アイデア次第で便利な使い方ができるサービスです。

IFTTTでは先ほど挙げたような組み合わせのことを**アプレット**（Applet）と呼びます。アプレットは、

(1) どういう条件の時（トリガー）
(2) どういう処理をさせる（アクション）

という2つを組み合わせて設定することができます。例えば、「Gmailに届いたメールの内容をLINEに通知する」というアプレットは、

(1) どういう条件の時（トリガー）→ Gmailにメールが届いたとき
(2) どういう処理をさせる（アクション）→ メールの内容をLINEに通知する

というように分解できます。

図15 IFTTTで連携できるサービスの例

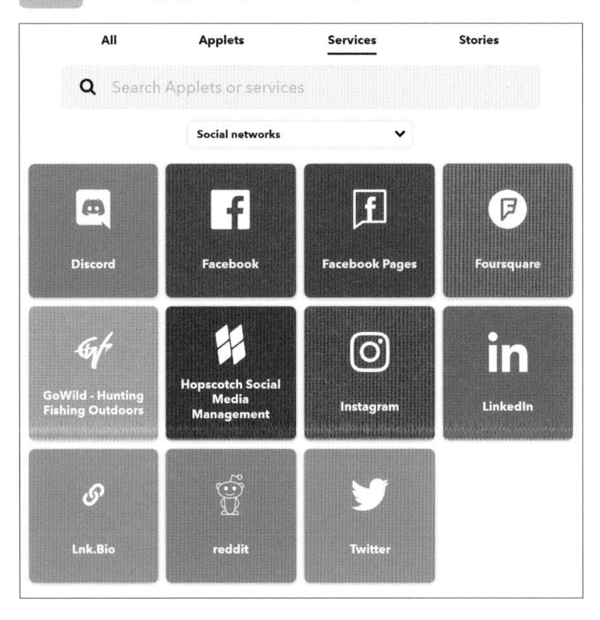

IFTTTで今回連携させるサービスは、**Webhook**とLINEになります。Webhookは、**IFTTT上で用いるURLをIFTTTのユーザーごとに用意してくれるサービス**です。今回、ArduinoとESPr Developerを使って、タクトスイッチを押したタイミングでWebhookのURLにアクセスして、そのときLINEに送信を行うようにします。つまり、

(1) どういう条件の時（トリガー）→ WebhookのURLにアクセスがあったとき
(2) どういう処理をさせる（アクション）→ LINEへ送信を行う

というアプレットを作ります。

なお、このChapterではLINEに送信するので、LINEのアカウントがない場合にはあらかじめ用意しておいてください。

図16 IFTTTを使ってLINEに送信する

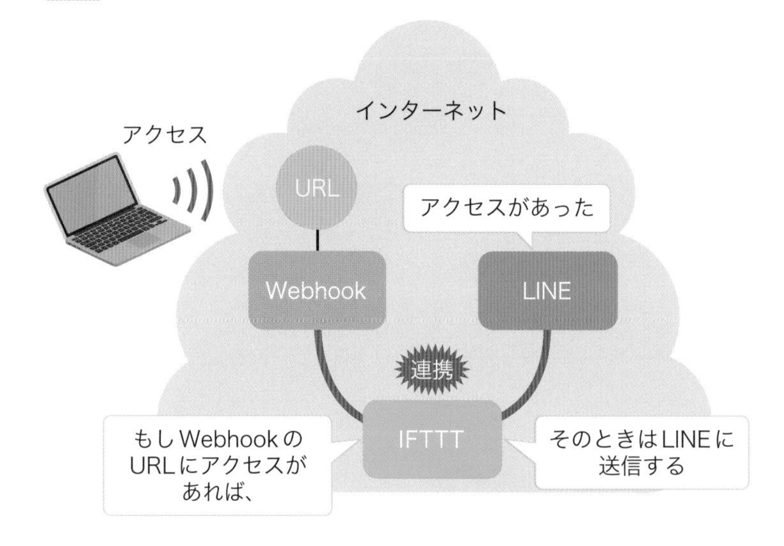

Memo **LINEのアカウントを作成する**

LINEのアカウントがない場合は、スマートフォンのストア上からLINEアプリをダウンロードし、あらかじめアカウントを用意しておいてください。

IFTTTに登録しよう

IFTTTを利用するにあたり、IFTTT用のアカウントを作成する必要があります。すでにIFTTTのアカウントをお持ちの方はスキップしてください。

ブラウザからIFTTTのWebサイト（https://ifttt.com/）にアクセスします。右上の＜Get started＞をクリックします❶。

図17 ログイン画面

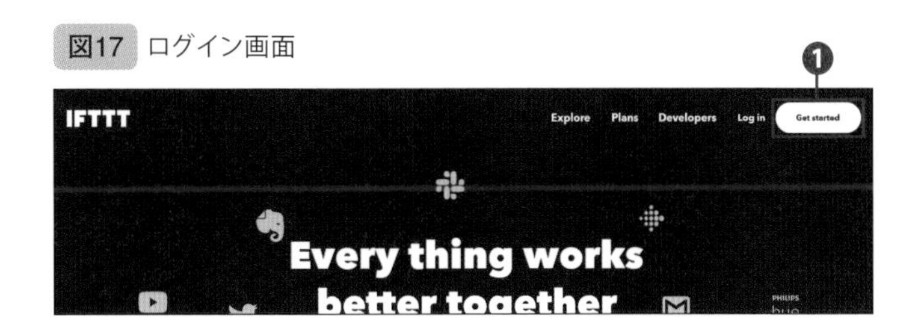

Apple、Google、Facebookそれぞれのアカウントもしくは、メールアドレスによるアカウント登録の画面が表示されるので、いずれかの認証法でアカウント登録を行います（メールアドレスによるアカウント登録は、見つけにくいですが＜sign up＞というリンクから進むことができます）❶。

図18 パスワード設定画面

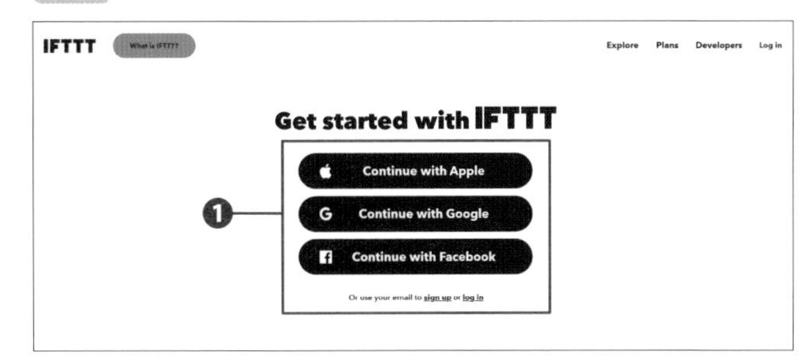

図19のような画面に移動すれば登録完了です。

図19 登録完了

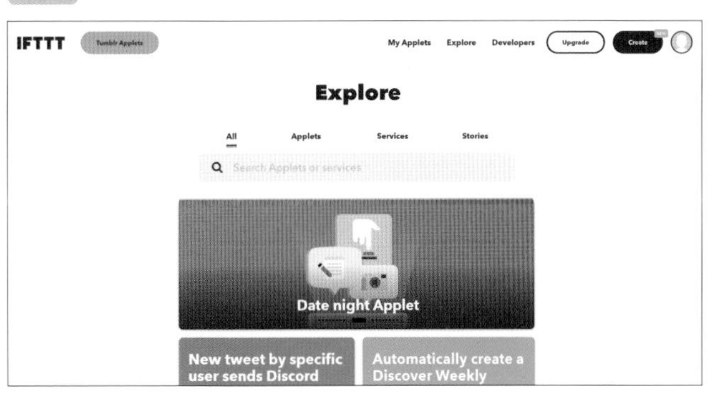

IFTTTでのアプレットの作り方

●トリガーとアクションを理解する

IFTTTではアプレットという単位でサービスとの連携を管理していきます。アカウントができたのでログイン後の画面からLINEへ送信するためのアプレットを作っていきましょう。

まずはどういった流れでArduinoとLINEが連携するのかを押さえておきましょう。流れとしては以下のようになります。

(1) Arduinoに接続したスイッチを押す
↓
(2) ESPr Developerを使ってWebhookのURLにアクセスする
↓
(3) LINEに送信する

図20 ArduinoからLINEに送信する流れ

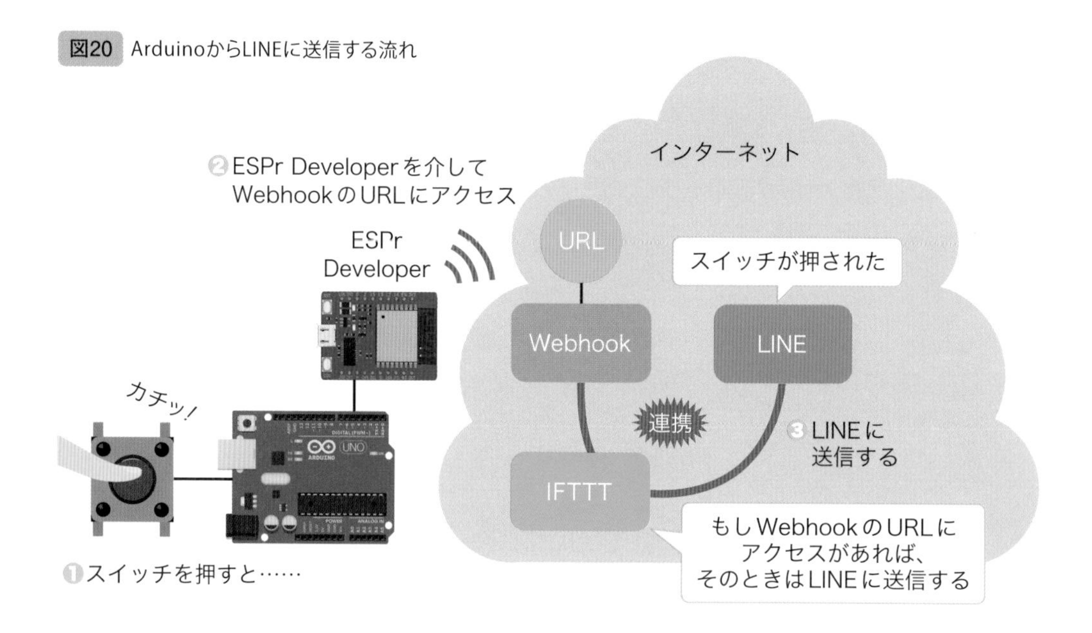

アプレットの考え方として、

(1) どういう条件の時（トリガー）
(2) どういう処理をさせる（アクション）

の2つが重要な構成要素であることは前述しました。ここでは、Arduinoとつながったスイッチを押すこと自体はトリガーにはなりません。上記の流れで言えば、**スイッチを押した結果、特定のURLへのアクセスがあったことがトリガーとなります。**対して、**アクションはURLにアクセスした結果行われるLINEへの送信が該当します。**

IFTTTで2つのサービスを連携させるときに、何がトリガーで何がアクションか正確に理解することは重要になります。特に、今回は「スイッチを押す」という見た目上のトリガーと、「WebhookのURLにアクセスがある」というIFTTT上のトリガーが異なるので、注意しましょう。

アプレットを作成しよう

IFTTTでLINEと連携する

それでは、IFTTTのWebサイト上で連携のための設定を行います。まずはLINEとの連携を行いましょう。

IFTTTのサイトへログインすると、**図21**のような画面が表示されます。表示されていない場合は、画面上のメニューにある＜Explore＞をクリックします。

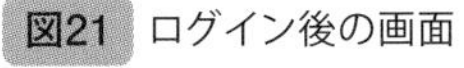
図21 ログイン後の画面

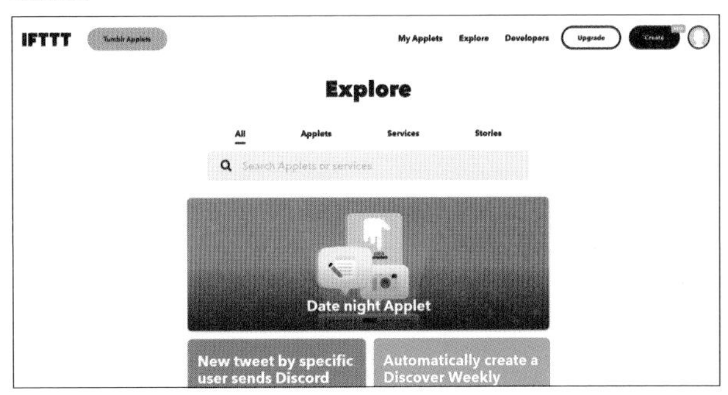

検索キーワードの入力ボックスに「LINE」と入力してエンターキーを押します❶。検索結果が表示され、LINEのアイコンが出てくるのでそれをクリックします❷。

図22 検索結果

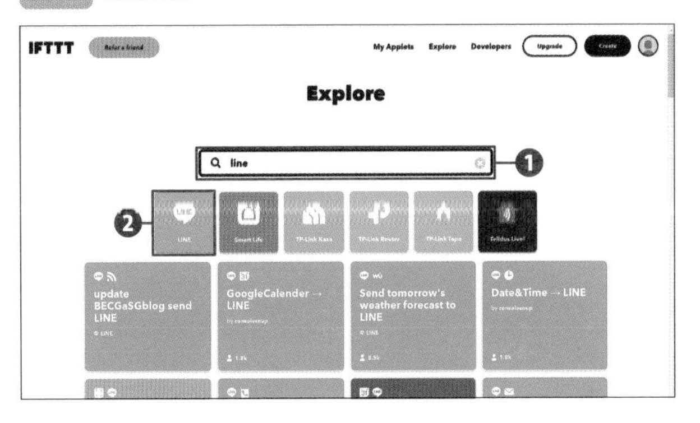

IFTTT上のLINE画面から、<Connect>をクリックします❶。

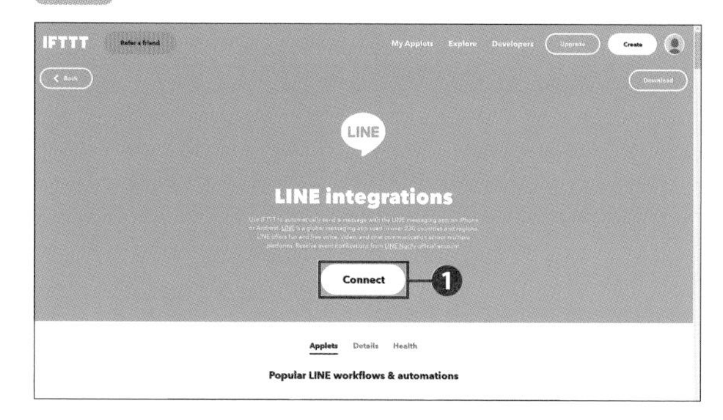

図23 IFTTT上のLINE画面

利用しているブラウザからLINEにログインしていなければログインを求められます。メールアドレスとパスワード、もしくはQRコードログインでログインを済ませてください。LINEにログインすると、**図24**のようにLINEアカウントとIFTTTの連携の許可を求める画面に移動します。<同意して連携する>をクリックします❶。

図24 連携認証画面

LINEアカウントへの認証を行う前の画面に戻ります。このとき、**図23**の画面と違って<Connect>ボタンがなくなっていれば連携が成功しています。

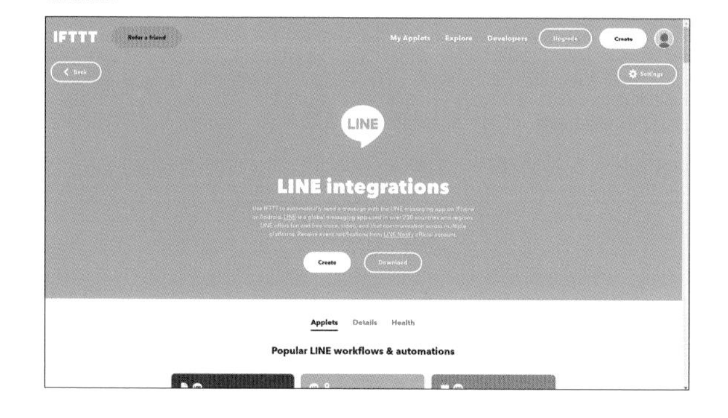

図25 IFTTT上のLINE画面に戻る

●トリガーの設定を行う

ここまででIFTTTでのLINEとの連携が終わりました。次にトリガーの設定を行います。

画面の右上にある＜Create＞をクリックします❶。

図26 IFTTT上のLINE画面

＜If This＞の右にある＜Add＞をクリックします❶。

図27 ＜Create＞画面

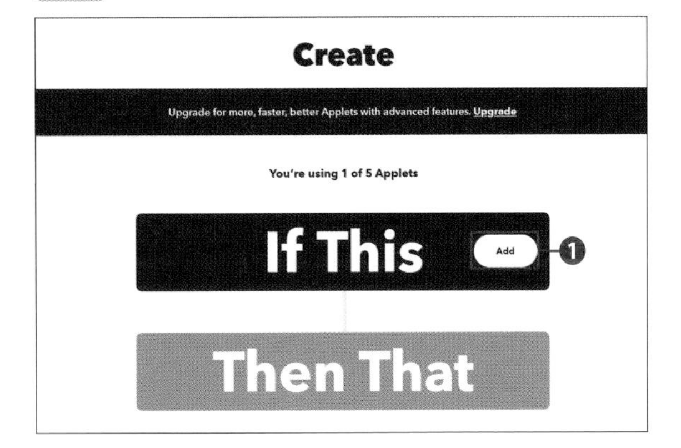

＜Choose a service＞という画面が表示されます。検索ボックスに「webhook」と入力すると❶、図28のようにWebhookと書かれたアイコンが表示されるので、クリックします❷。

図28 ＜Choose a service＞画面

Webhookをクリックすると＜ Connect Webhooks ＞画面が表示されるので、＜ Connect ＞をクリックします。＜ Choose trigger ＞画面が表示されるので、＜ Receive a web request ＞をクリックします❶。

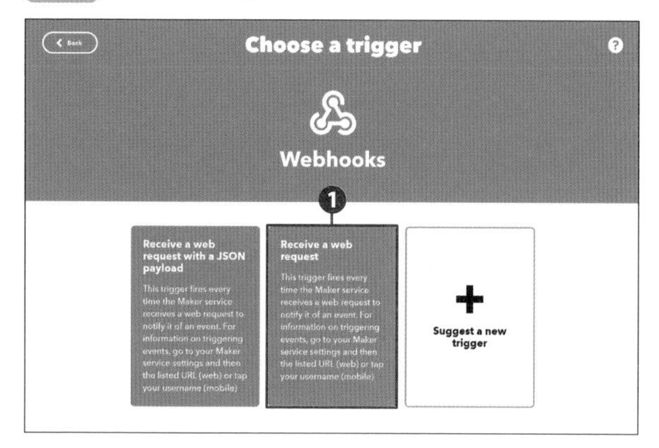

図29 <Choose trigger>画面

トリガーの名前を設定します。Arduinoのボタンが押されたことをきっかけにしたいので、ここでは「button_pressed」と入力して❶、＜ Create trigger ＞をクリックします❷。これでトリガーの設定を完了したので、そのままアクションの設定に移りましょう。

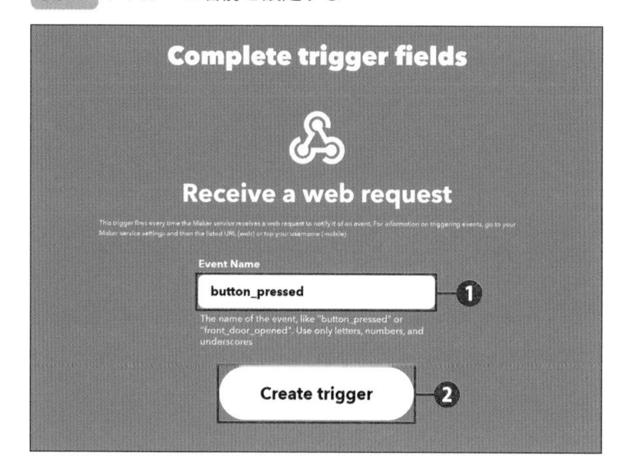

図30 トリガーの名前を設定する

●アクションの設定を行う

図30の画面の続きでそのままアクションの設定に移ります。＜ Then That ＞の右にある＜ Add ＞をクリックします❶。

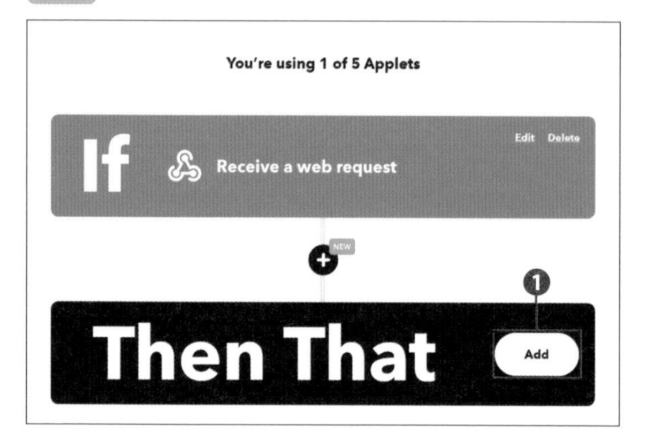

図31 アクションの設定開始画面

＜Choose action service＞と表示された画面に変わります。検索ボックスに「LINE」と入力して❶、表示されたLINEのアイコンをクリックします❷。

図32 <Choose action service>画面

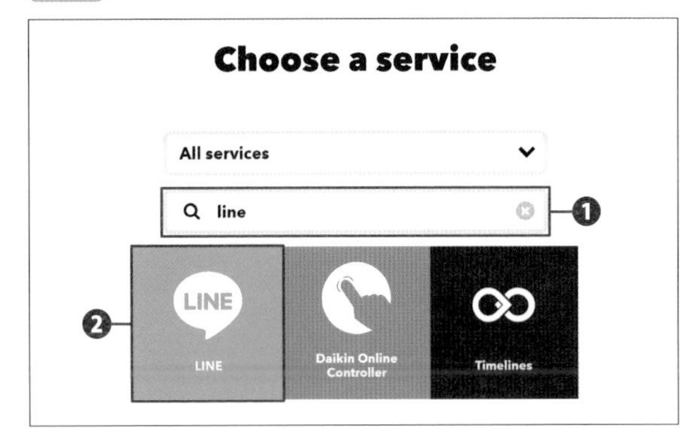

＜Choose an action＞と表示された画面に変わります。＜Send message＞をクリックします❶。

図33 <Choose an action>画面

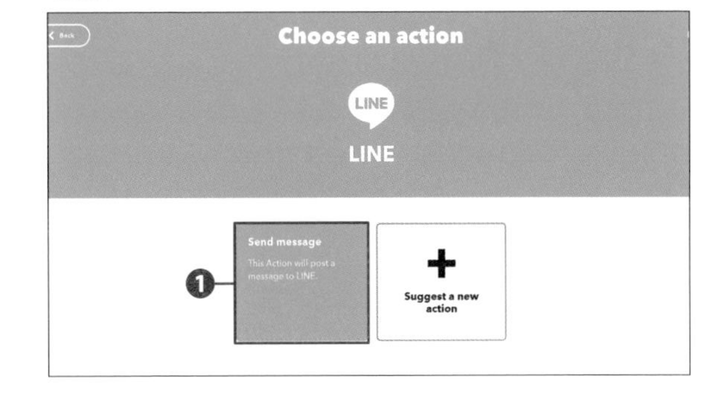

次にLINEに送信したい内容を設定します。＜Message＞の部分を書き換えます❶。LINEにメッセージとして送信される内容になるので、自由に変更して構いませんが、ここでは「Arduinoのボタンを押しました！ {{OccurredAt}}」と書き換えています。「{{OccurredAt}}」は入力しても図のように灰色の表示になりますがそのままで大丈夫です。入力を終えたら、＜Create action＞をクリックします❷。

図34 送信内容の入力

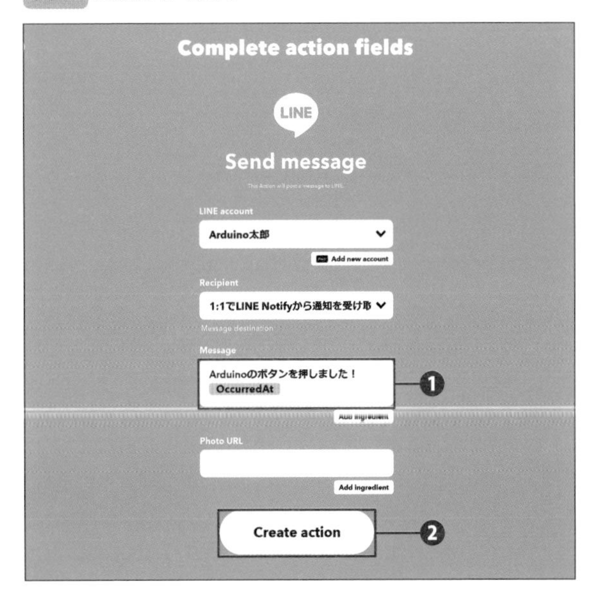

Chapter 7 インターネットと連携しよう

図31の画面に戻るので、＜Continue＞をクリックします。**図35**の画面が表示され、＜Finish＞をクリックすればアプレットの登録が完了です❶。

図35 登録完了

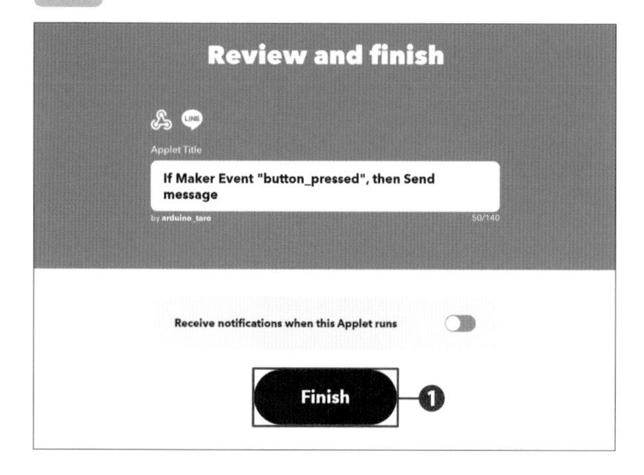

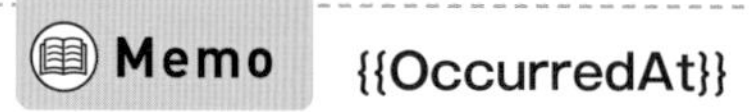
{{OccurredAt}}

図34で入力した{{OccurredAt}}は、送信した日付を自動的に代入してくれます。

●Webhookの設定をする

ここまででアプレットの作成は完了しました。IFTTT上で最後に行いたい作業があります。このアプレットのトリガーは「WebhookのURLにアクセスする」ですが、**この段階ではどのURLにアクセスしたらトリガーとなる条件を満たすのかがまだわかっていません。**そこで、トリガーとして設定したWebhookの設定を確認する必要があります。

画面上部の＜Explore＞をクリックし❶、検索ボックスに「webhook」と入力します❷。Webhookアイコンが表示されるのでクリックします❸。

図36 検索結果

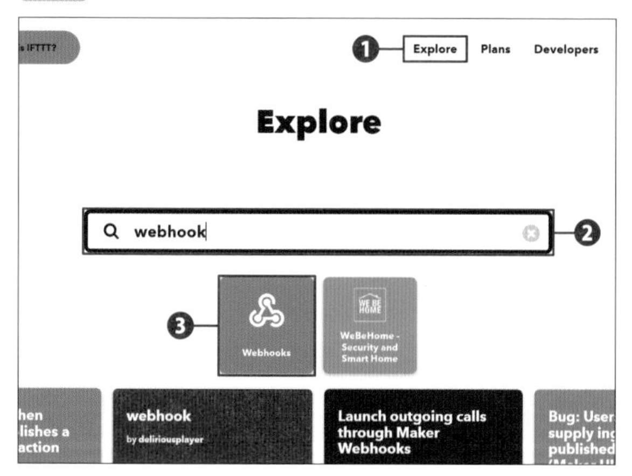

Webhookのページに移動します。＜Documantation＞をクリックします❶。

図37 Webhookの画面

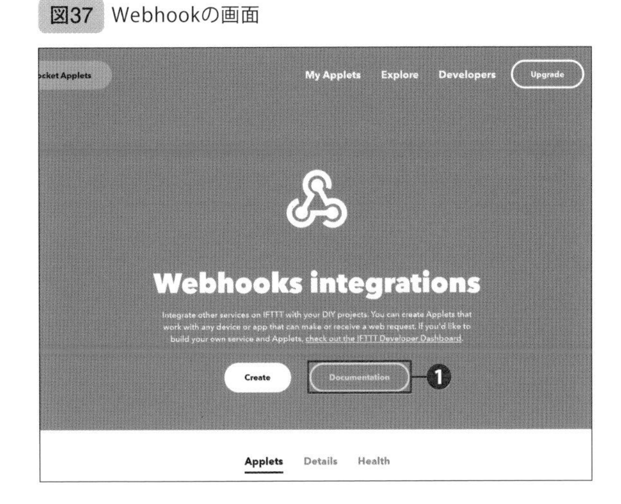

「Your key is:」に続くランダムな文字列が表示されます。**これはキーと呼ばれるもので、後でArduinoからWebhookにアクセスする際に使用します。このキーは必ずメモしておいてください。**

図38 キーの表示画面

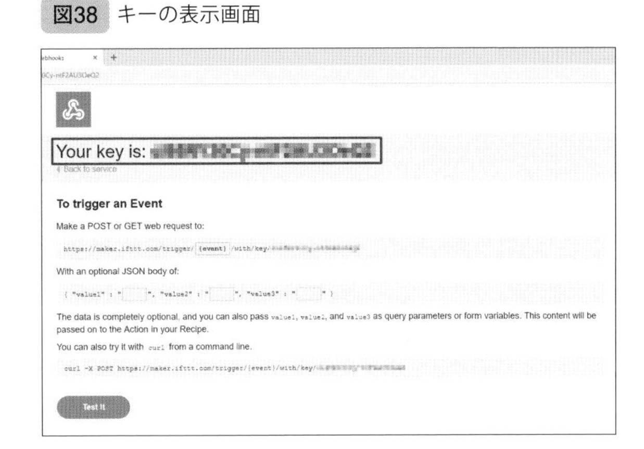

これでIFTTTの設定は完了です。IFTTTのアカウントの作成に始まり、LINEとの連携、アプレットの作成、キーの確認と長くなりましたが、これでLINEへArduinoから送信する準備ができました。

ようやくIFTTTのキーが手に入ったので、Arduinoからボタンを押したときにそのURLへアクセスするスケッチを書いていきましょう。

Memo　キーは絶対に公開しない

ここで設定したWebhookのキーは、他人に公開しないようにしてください。はかの人に漏らしてしまうと、なりすましてWebhookのサービスを使われてしまう可能性があります。誤って公開してしまわないように注意してください。

7-4

スイッチとLINEを連携させよう

タクトスイッチと ESPr Developer を使った回路を作成し、IFTTT を利用したスケッチを書いていきます。ポイントはタクトスイッチが押されたタイミングで IFTTT にアクセスする部分です。

LINEとつながるスイッチの回路を作成しよう

前の Section までで IFTTT の設定が終わりました。ここからは、ESPer Developer 経由して、IFTTT を使って LINE へ送信するスケッチを書いていきます。

しかし、その前にまずは回路を作成しましょう。

表3 電子部品の接続方法

片方の接続箇所	対応する接続箇所
Arduino の＜ 3 ＞ピン	ESPr Developer の＜ RXD ＞
Arduino の＜ 2 ＞ピン	ESPr Developer の＜ TXD ＞
Arduino の＜ GND ＞	ESPr Developer の＜ GND ＞
Arduino の＜ 5V ＞	ESPr Developer の＜ VIN ＞
Arduino の＜ 7 ＞ピン	タクトスイッチの片方の足
Arduino の＜ 3.3V ＞	タクトスイッチのもう片方の足
Arduino の＜ GND ＞	抵抗の片方の足
抵抗のもう片方の足	Arduino とつながっているタクトスイッチの足

図39 タクトスイッチとESPr Developerの接続図

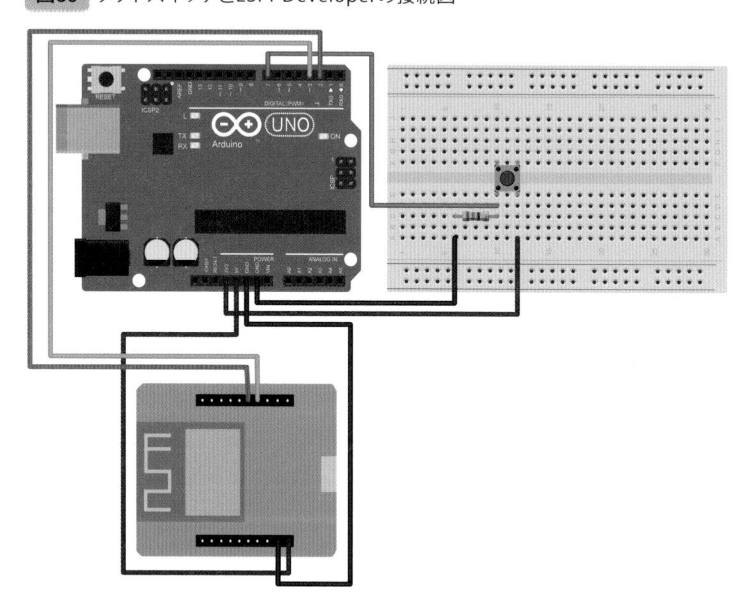

図40 タクトスイッチと接続した様子

7-2で作成した回路にスイッチを取り付けるだけのシンプルな回路です。すでに取り付けているESPer Developerがあればそのまま利用して配線してください。

IFTTTと連携したスケッチを書こう

仕上げにスケッチを作成します。IFTTTの設定で最後に手に入れたキーを使って、Webhookの URLにアクセスするスケッチです。

リスト2 WebhookのURLにアクセスする

```
#include <ArduinoESPAT.h>

ESPAT espat("SSID", "PASS"); 1

void setup() {
  pinMode(7, INPUT);

  delay(1000);
  Serial.begin(9600);

 if (espat.begin()) {
   Serial.println("Initialize OK");
 } else {
   Serial.println("Initialize Failed");
 }                                        2

 if (espat.tryConnectAP()) {
   Serial.println("Connected");
 } else {
   Serial.println("Connect Failed");
 }

 Serial.println(espat.clientIP());
}

void loop() {
  if (digitalRead(7) == LOW) {  3
    return;
  }

 espat.get("maker.ifttt.com", "/trigger/button_pressed/with/key/IFTTTKEY", 80); 4

  delay(1000);
}
```

スケッチのポイントを確認しましょう。**1**はこのChapterの最初のスケッチでも扱いましたが、Wi-FiのSSIDとパスワードを設定しています（175ページ参照）。

次の**2**も**リスト1**のスケッチでのsetup関数とほとんど同じですが、Wi-Fiへの接続を行っています。また、スイッチと接続している＜7＞ピンをデジタル入力ピンとして使うため、pinMode関数でセットしています。

3ではif文と**return文**を利用しています。return文は**関数の実行を中断して、同じ関数の処理の頭に戻る機能を持ってます。**ここでは、まずif文を使うことで＜7＞ピンに信号が送られていないか、すなわちスイッチがオフなっているか判断しています。そして条件を満たした場合 return 文の処理が行われ、loop 関数の冒頭に再び戻り再度 if 文がスイッチの状態を判断 …… という処理をスイッチがオンになるまで繰り返します。

> **Memo　return 文**
>
> return 文が書かれた箇所で関数の実行を中断します。

最後に **4** で今回の接続先である IFTTT のサーバーにつないでいます。IFTTTKEY と書かれている部分は、前節にて ITFFF のサイト上で取得したキーに差し替えてください。例えば、取得したキーが「g1hy0b00k-ardu1n0」だったら、

```
espat.get("maker.ifttt.com", "/trigger/button_pressed/with/key/g1hy0b00
kardu1n0", 80);
```

と入力します。こうすることで、以下のような URL にアクセスすることができます。

https://maker.ifttt.com/trigger/button_pressed/with/key/g1hy0b00k-ardu1n0

スケッチを Arduino IDE に書いたら、Arduino へ転送してください。それから、取り付けたスイッチを実際に押してみて、その度に IFTTT と連携した LINE のアカウントにメッセージが届くか確認してみてください。今回の例では「Arduino のボタンを押しました！ {{OccurredAt}}」と送信されるよう設定しましたが、成功すると**図 41** のように「LINE Notify」から日時入りのメッセージが届くはずです。

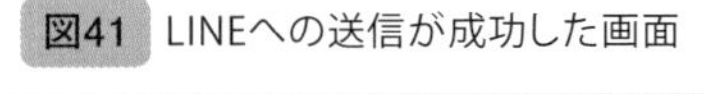
図41 LINEへの送信が成功した画面

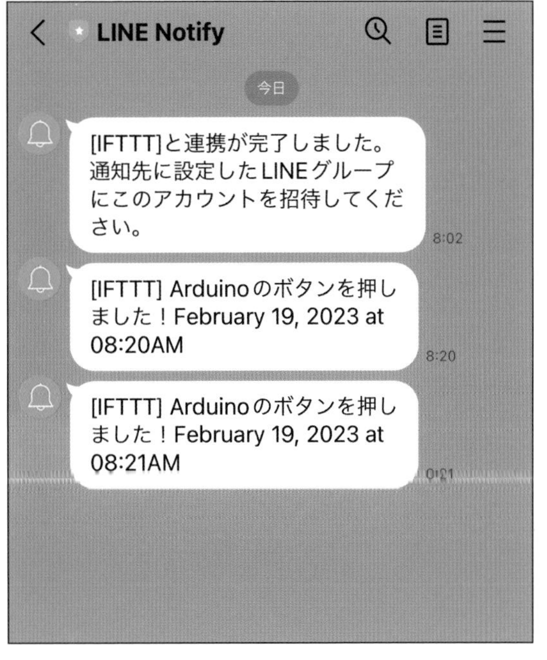

Step up

気温を定期的に自動で送信しよう

応用編では、ESPr Developer に温度センサーを使って、温度を自動で LINE に送信する装置を作ってみます。

自動で気温をLINEに送信しよう

●応用編で作るもの

このChapterではタクトスイッチを押すとLINEに送信される仕組みを作りました。応用編では、温度センサーを使って**自動で温度を LINE に送信する装置を作ってみます。**

自動で送信してくれるうえに、LINEを使うことで遠隔地の温度を知ることもできるため、使い方によってはかなり実用的な装置になるかと思います。

使う電子部品ですが、これまで使ってきたESPr Developerはそのまま利用し、さらに温度センサーにはChapter 6でも利用した「**LM61**」を使います。

図42 温度センサーを利用して自動でつぶやく装置

●接続の仕方

では、さっそく以下のように配線してください。ESPr Developerの配線も少し変わるので、**図43**を参考に組み直してください。

表4 電子部品の接続方法

片方の接続箇所	対応する接続箇所
Arduinoの＜3＞ピン	ESPr Developerの＜RXD＞
Arduinoの＜2＞ピン	ESPr Developerの＜TXD＞
Arduinoの＜GND＞	ESPr Developerの＜GND＞
Arduinoの＜5V＞	ESPr Developerの＜VIN＞
Arduinoの＜5V＞	LM61の＜+VS＞
Arduinoの＜A0＞	LM61の＜VOUT＞
Arduinoの＜GND＞	LM61の＜GND＞

図43 温度センサーと接続した接続図

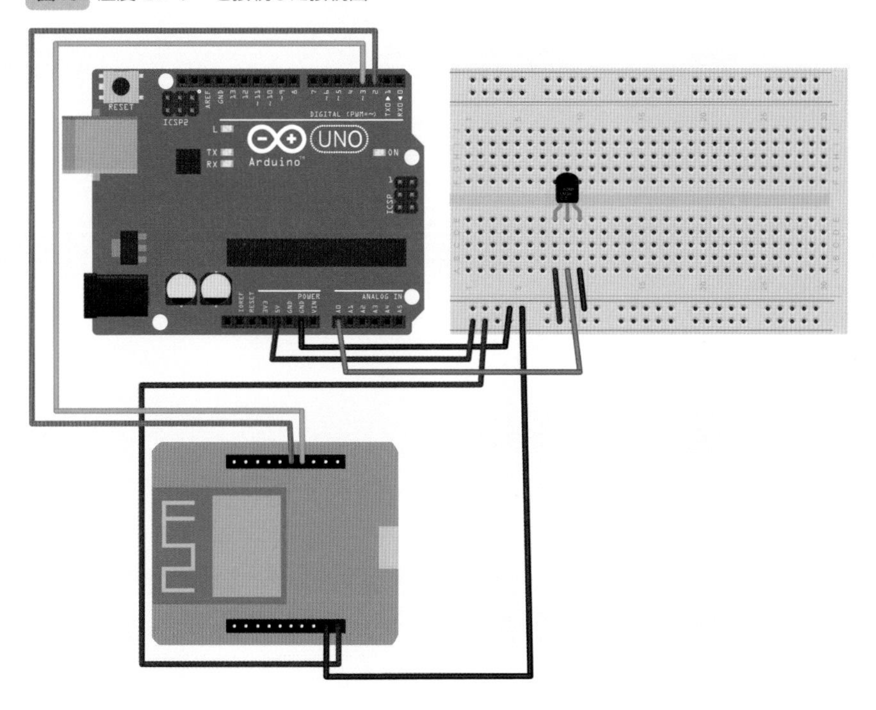

Memo　LM61のピンの名称

LM61のピンにはそれぞれ名称がついています。丸みのある方を手前にして、左から＜GND＞、＜VOUT＞、＜+VS＞といいます。詳しくは158ページを参照してください。

IFTTTの設定をしよう

　また、IFTTT側の設定が再度必要になります。ここでは7-3で作ったアプレットを利用し、LINEに送信される文章を変更します。

　IFTTTへログインし、＜My Applets＞をクリックします❶。クリックすると7-3で作成したアプレットが出てくるのでクリックします❷。

図44　My Applets

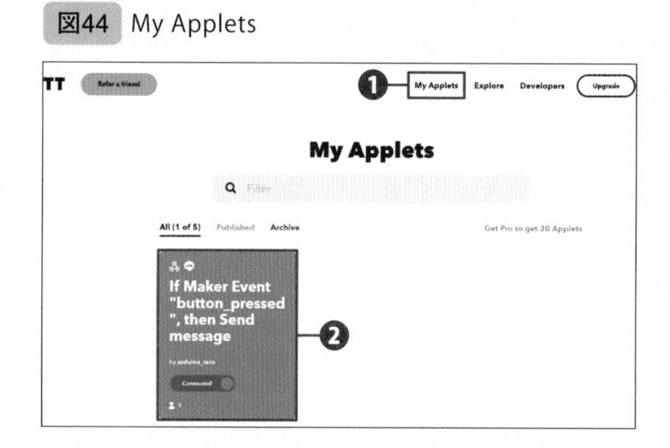

　アプレットが表示されるので、＜Settings＞をクリックします❶。

図45　アプレット

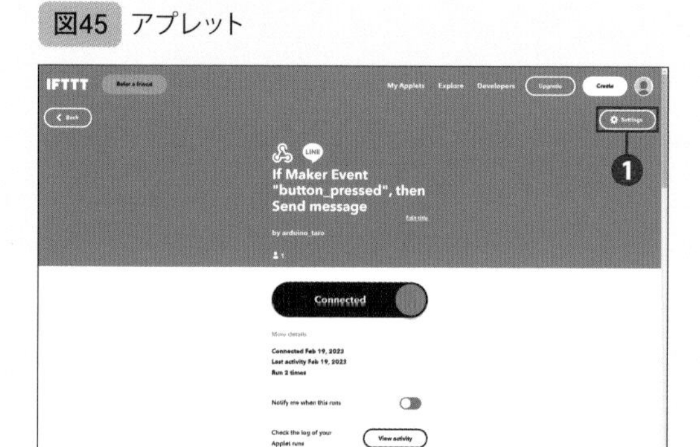

　Thenのところにある＜Send message＞右側にある＜Edit＞をクリックします❶。

図46　アプレットの編集画面を開く

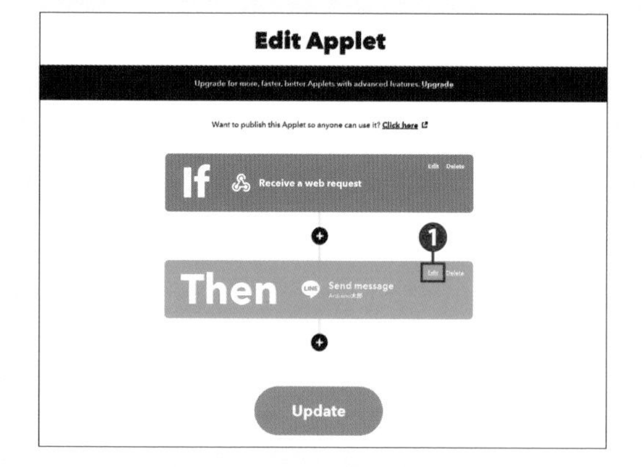

＜Message＞というテキストボックスの内容を以下のように修正します❶。

現在の温度は {{Value1}} 度です！
{{OccurredAt}}

この文章で、{{Value1}} という部分が、後で Arduino から送る温度に置き換わる部分です。入力後は、＜Update action＞をクリックしてください❷。これで IFTTT 側の設定は終わりです。

図47　メッセージを修正する

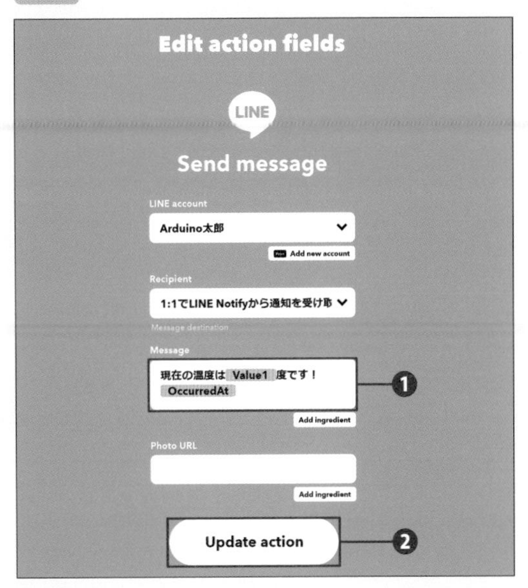

温度を自動で送信するスケッチを書こう

最後にスケッチを Arduino IDE から転送して完了です。

リスト３　温度を自動でLINEに送信する

```
#include <ArduinoESPAT.h>

#define TEMPPIN A0

ESPAT espat("SSID", "PASS"); 1

void getResp(char c){
  Serial.print(c);
}

void setup(){
 pinMode(TEMPPIN, INPUT);
 Serial.begin(115200);

 if(espat.begin()){
   Serial.println("Initialize OK");
 }else{
   Serial.println("Initialize Failed");
```

```
  }

  if(espat.tryConnectAP()){
    Serial.println("Connected");
  }else{
    Serial.println("Connect Failed");
  }

  Serial.println(espat.clientIP());
}

void loop() {
  int data = analogRead(0);
  int v = map(data, 0, 1023, 0, 5000);
  int temp = map(v, 300, 1600, -30, 100); 2

  espat.get("maker.ifttt.com", "/trigger/button_pressed/with/key/IFTTTKEY?
value1=" + String(temp), 80); 3

  Serial.println("Send to IFTTT. " + String(temp)); 4

  delay(3600000UL); 5
}
```

まず **1** の部分で、これまで ESPr Developer を使って Wi-Fi に接続してきたように SSID とパスワードを入力します。setup 関数では、その Wi-Fi への接続への接続を行なっています。

次に loop 関数に移ります。loop 関数の初めの部分、**2** のところで読み取った電圧からの温度を変数 temp に代入しています。＜ A0 ＞ピンから読み取られた値が変数 temp に代入されるまでに map 関数が使われていますが、詳しくは 160 ページを参照してください。

Memo **map 関数**

書式：map(< 値 >, < 現在の範囲の下限 >, < 現在の範囲の上限 >, < 変換後の範囲の下限 >, < 変換後の範囲の上限 >)

そして **3** では、IFTTT のサーバへ接続を行い、温度を送っています。この引数の中に、IFTTTKEY と書いてある部分が、IFTTT のキーに当たる部分ですので、すでに取得しているキーに書き換えてください。

また、**3** のコードの結果、以下の URL にアクセスすることになります。

https://maker.ifttt.com/trigger/button_pressed/with/key/<IFTTTKEY>?value1=< 温度 >

このURLの＜温度＞の部分は、「LM61」から取得した温度の値になっており、value1という名前でデータをIFTTTへ通知しています。IFTTTでは、LINEに送信するメッセージを、

現在の温度は{{Value1}}度です！ {{OccurredAt}}

とすでに設定していました。このメッセージの{{Value1}}の部分がvalue1という名前の部分に置き換わるため、それがすなわち温度の値に変換されて、LINEの送信内容になるという仕組みです。また、**4**ではシリアルモニタにも読み取った温度を出力するようにしています。

最後に**5**で、1時間待機するためのdelay関数を使っています。delay関数はミリ秒で遅らせる時間を指定するため、1時間待機させるには1時間をミリ秒で表した3600000ミリ秒待機させるよう指定します。引数の最後にULと付いていますが、これは**Arduino言語の仕様として32767より大きい値を扱う場合は、整数の最後にULと付ける必要があるため**です。

以上のloop関数の記述によって、IFTTTへ1時間おきにアクセスして温度を通知することができます。そして、IFTTTはその内容をもとにLINEへ送信します。

正常に動作しているとき、**図48**のようなメッセージがLINE上に送信されるはずです。

図48 1時間おきに温度を送信する

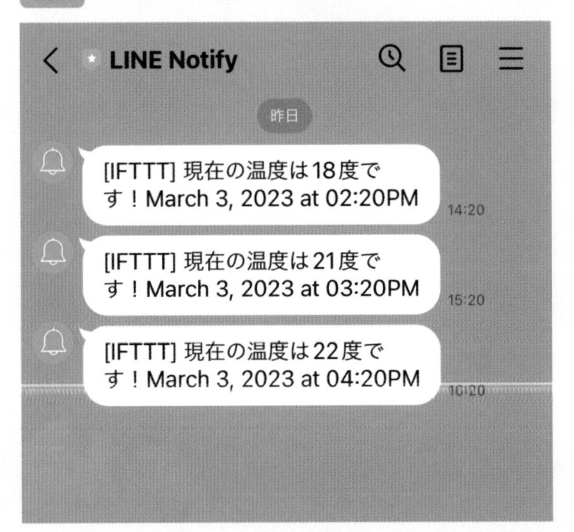

Memo IFTTTのアクションを変えよう

本章では､LINEへ情報を送るという方法を説明しました。IFTTTを使っているので、スケッチを変えずにIFTTT上の設定を変えてあげるだけで、Arduinoから送られるイベントはそのままで、LINE以外のサービスへも情報を流すことができます。ここでは例としてコミュニケーションツールであるSlackへArduinoから温度情報を送るように設定します。

IFTTT上からアプレットを選び、＜Settings＞をクリックします。アプレットの編集画面である＜Edit Applet＞画面が表示されるので、＜Delete＞をクリックしてLINEを削除します❶。＜Then＞の右にある＜Add＞をクリックします。

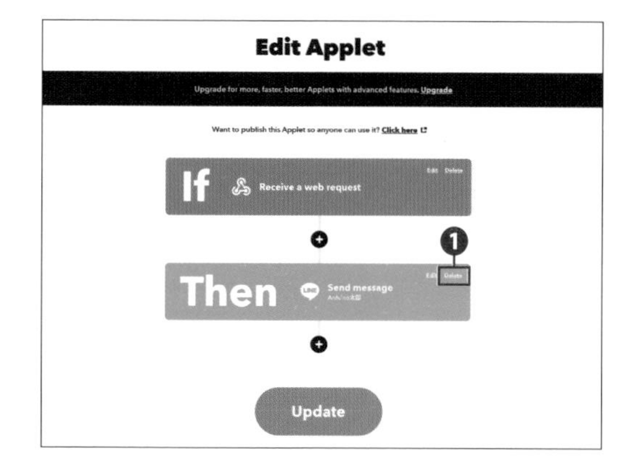

＜Choose a service＞の画面に移った後で検索ボックスに「slack」と入力すると、ArdunoからSlackへ温度情報等を送ることができます。Slack上のどのチャンネルにどのようなメッセージを送信するか、ということが設定できるようになっており、会社や工場等、離れたところにある情報をArduinoに取り付けたセンサー情報が自動的に送信されるなどの仕組みを比較的簡単に実現することができます。

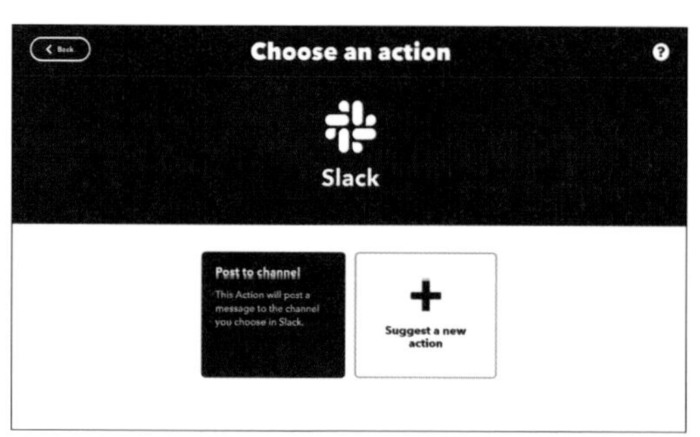

Slack以外にも例えばメールで通知できるようにしたり、LINEにメッセージを送ったりと、様々なサービスが用意されています。ぜひいろいろな組み合わせを試してみてください。

Chapter 8

ロボット風バギーを作ろう

8-1

おしゃべりなバギーを作ろう

このChapterではここまでの集大成として、Arudinoを使ったバギーを作ります。また電子工作の醍醐味であるはんだ付けも挑戦してみましょう。

多機能なバギーを作ろう

このChapterでは、**これまでの集大成としてArudinoを使ったロボット風バギーを作ってみます。**ここまで学んだ知識を使って、ただ動くだけではなく、**ロボットらしくしゃべったり表情があったりするバギー**です。さらに、電子工作の醍醐味である**はんだ付け**も体験してみましょう。今までの内容では主にブレッドボードとワイヤーを使って電子部品を組み合わせてきましたが、はんだ付けを行えるようになると楽しみがさらに増すでしょう。

図1 ロボット風バギー

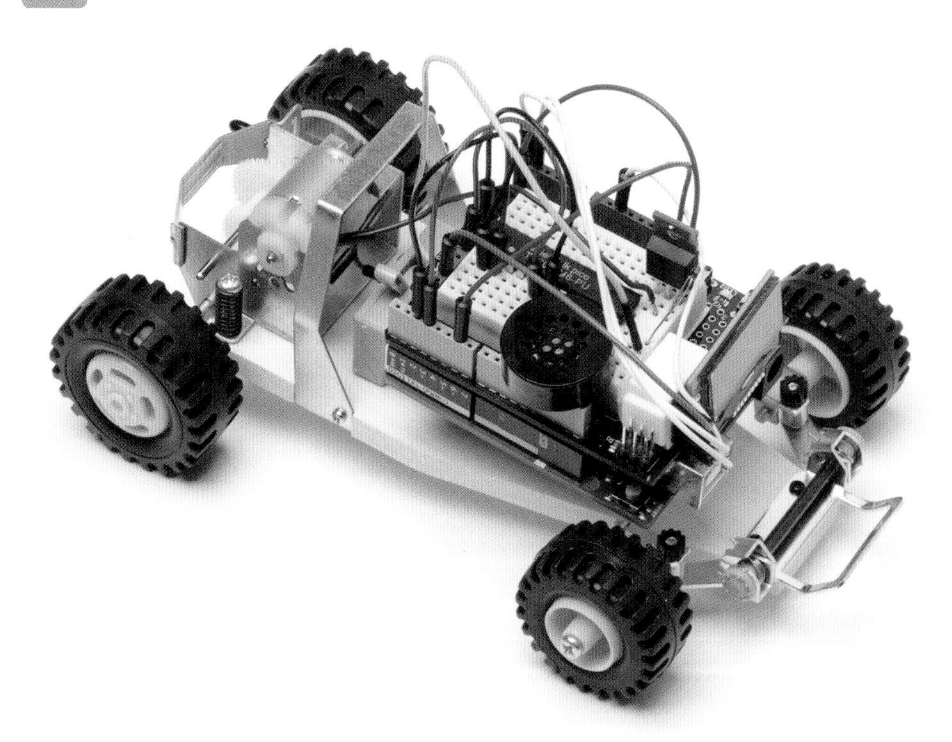

●作成するバギーの特徴

ではこのChapterで作るバギーの概要を説明します。今までやってきたことの集大成に相応しい、いくつかの機能を組み合わせたものを作ります。

(1) 表情をつける！

LCDモジュールを使ってバギーに表情をつけます。Arduinoで色々な表情を表示させて、コミカルなバギーを作りましょう。

(2) しゃべる！

合成音声という技術を使って、Arduinoから声を出します。例えば「こんにちは」や「こんばんは」といったセリフをバギーから流すことができます。

(3) 動く！

バギーなのでもちろん動きます。モーターを利用して前進させます。モーターはすでにChapter 6で扇風機を動かす用途で使いましたが、ここではArduinoを載せた装置として実際に動くように工作します。

(4) 操作できる！

基本編では、あらかじめ決められた動きをバギーにさせますが、応用編では音を合図に動いたり止まったりさせます。単純な動きではありますが、操作している感じが出ると思います。

上記の機能を1つずつ実装していきます。恐らく、これまでやってきたことの中でも一番複雑になります。ですが、このChapterを読みながら一歩ずつ進めていけば難しくはありませんので、安心してください。

図2 応用編ではバギーがパワーアップする

このChapterで使う電子部品

このChapterのバギー作りには、以下の電子部品を利用します。これまでのChapterで使った電子部品もいくつか再登場します。

表1 使用する電子部品と道具

電子部品・道具の名前	個数
はんだ［日本アルミット 高性能ヤニ入りハンダ（無洗浄）0.65mm 100g］	1個
はんだごて［ニクロムはんだごて KS-30R（30W）］	1個
はんだごて台［ST-11］	1個
LCD［I²C接続小型LCDモジュール（8×2行）ピッチ変換キット］	1個
バギー工作基本セット［楽しい工作シリーズ No.112］	1セット
バギーの組立に必要な工具（プラスドライバー、ニッパー、カッター）	それぞれ1個ずつ
音声合成［ATP3011F4-PU］	1個
圧電スピーカー［SPT08］	1個
MOSFET［2SK2232］	1個
ショットキーダイオード	1個
Arduino用プロトタイピングボード	1個
グルーガン（または接着剤）	1個
ミニブレッドボード	1個
アナログサウンドセンサーモジュール［DFR0034］	1個

はんだ付けの道具

今回は、LCDモジュールを使うところで**はんだ付け**を行います。

はんだ付けの方法は後ほど具体的に説明しますが、必要となる道具は、

- はんだ
- はんだごて
- はんだごて台

の3つになります。

ここでは筆者が入門者向けとして秋月電子通商で買えるセットを**表1**に挙げてご紹介しました。実際に購入する際は、電子工作を扱うお店で相談して決めるのもいいでしょう。

図3 はんだ

図4 はんだごてとはんだごて台

バギーの土台

バギーの土台となる部分には、タミヤから発売されているバギー工作基本セットを使います（**図5**）。このセットは乾電池で動くモーターを載せたバギー型のおもちゃを作れます。このセットで作ったバギーの上にArduinoや様々な電子部品を載せて走らせてみます。

セットにはバギーの胴体のほか、タイヤ、モーター、乾電池ボックスなど土台に必要な部品が揃っています。電池ボックスやモーターはChapter 6でも利用しましたが、ここではバギー工作基本セットに含まれているものを利用する前提で解説します。

なお、本書ではバギー工作基本セット自体の作り方は解説しません。セットに付属の説明書に沿って**図6**のように工作しておいてください。また、**バギー工作基本セットの組み立てにはプラスドライバー、ニッパー、カッターが必要です。**こちらも道具一式を用意してから組立ててください。

図5　バギー工作基本セット

図6　組み立てたバギー工作基本セット

さらに、**バギーと Arduino を固定させるために、今回はグルーガンを使います。**グルーガンはスティック状の樹脂を出して物を接着させる工具で、よく DIY で使われます。

グルーガンは手芸品を扱うお店や、通販などで購入できます。また、100 均のお店などでも取り扱いがあります。グルーガンがない場合には、接着剤などでを使って固定しても問題ありません。

図7　グルーガン

●電子部品

新たな電子部品も数多く登場します。まず、バギーの表情を表現するために **LCD モジュール**を使います。今回使用する LCD モジュールは 8 桁× 2 行分の表示領域があり、ここに数字や記号を表示することができます。これを応用して簡単な表情を表現します。LCD モジュールでの表示を行う際にはライブラリを使います。

本書は電子工作の入門書ですが、電子工作といえばはんだ付けです。せっかくですので、この LCD キット「AQM0802A-RN-GBW」の取り付けで、はんだ付け体験をしてみましょう。

声の部分は**音声合成**という人の声を再現してくれる技術を使った「ATP3011F4-PU」という部品を使います。「ATP3011F4-PU」は、Arduino からのシリアル通信によってしゃべらせたい言葉を文字として受け取ると、その内容を音声として発話します。

また、この作例では Arduino や電子部品をバギーに載せて走らせます。そのため、**バギーの上にすべての部品を納められるように、ブレッドボードは Arduino に重ねて使用します。**そこで使用するのが **Arduino 用プロトタイピングボード**という製品です。

図8 LCDモジュール

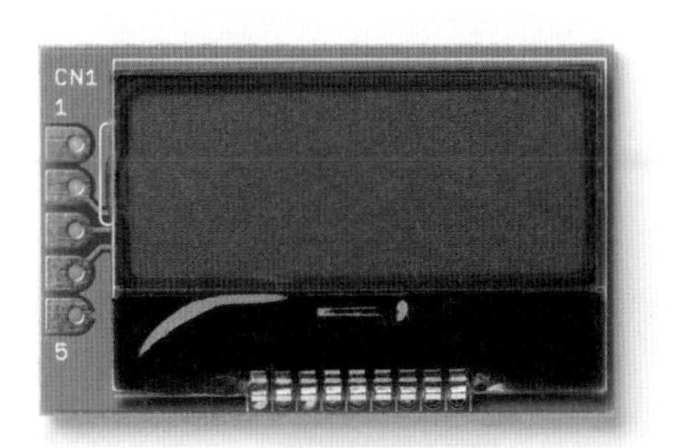

図9 音声合成

図10 のように Arduino プロトタイピングボードはミニブレッドボードとシールドのセットになっています。**ミニブレッドボードの裏側には粘着テープが付いていて、シールドの上に貼り付けて使用します。**

このシールドを Arduino の上に重ねて、その上で配線を行なうことで、バギーの上のスペースを効率的に使用します。

応用編では**音センサー**を使います。使用するのは「アナログサウンドセンサーモジュール」と呼ばれるもので、**音の大きさを電圧で伝えることができます。**この部品を追加することで、手を叩く音を音センサーが拾い、それをきっかけにバギーが動き出すような改造をしたいと思います。

図10 Arduino用プロトタイピングボード（上がミニブレッドボード、下がシールド）

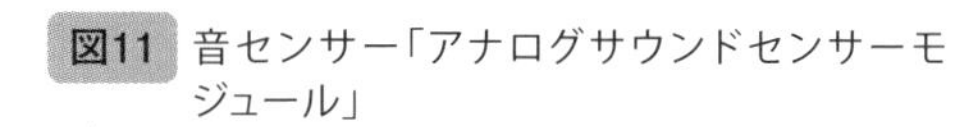
図11 音センサー「アナログサウンドセンサーモジュール」

Memo　シールドとは

シールドとは、はじめから重ねて Arduino につなげる構造になっている基板です。機能を拡張するため様々なシールドがあり、例えば音が鳴るシールドや、Wi-fi に接続するシールド、SD カードのデータを読めるシールドなどが売られています。

Memo 電子部品や道具を購入する

このChapterではじめて登場した電子部品は、以下のWebサイトから購入できます。グルーガンは購入しやすいものや接着剤を使用してください。
また、Chapter 5で登場した圧電スピーカーについては110ページを、Chapter 6で登場したMOSFETとショットキーダイオードについては143ページを参照してください。

・はんだ［日本アルミット 高性能ヤニ入りハンダ（無洗浄）0.65mm 100g］
　秋月電子通商：https://akizukidenshi.com/catalog/g/gT-09556/

・はんだごて［ニクロムはんだこて KS-30R（30W）］
　秋月電子通商：https://akizukidenshi.com/catalog/g/gT-02536/

・はんだごて台［ST-11］
　秋月電子通商：https://akizukidenshi.com/catalog/g/gT-02537/

・LCD［I^2C接続小型LCDモジュール（8×2行）ピッチ変換キット］
　秋月電子通商：https://akizukidenshi.com/catalog/g/gK-06795/

・バギー工作基本セット［楽しい工作シリーズNo.112］
　タミヤショップオンライン：https://www.tamiya.com/japan/products/70112/index.html

・音声合成［ATP3011F4-PU］
　秋月電子通商：https://akizukidenshi.com/catalog/g/gI-05665/

・Arduino用プロトタイピングボード
　秋月電子通商：https://akizukidenshi.com/catalog/g/gM-07033/

・ミニブレッドボード
　秋月電子通商：https://akizukidenshi.com/catalog/g/gP-13257/

・アナログサウンドセンサーモジュール［DFR0034］
　秋月電子通商：https://akizukidenshi.com/catalog/g/gM-07038/

8-2 はんだ付けに挑戦しよう

このSectionでははんだ付けに挑戦します。LCDモジュールのキットの取り付けを例に、はんだの使い方を覚えましょう。

「はんだ付け」の基本を知ろう

「はんだ」とは

このSectionでは「I²C接続小型LCDモジュール（8x2行）ピッチ変換キット」のはんだ付けを行います。その前に、そもそも「はんだ」とは何かを押さえておきましょう。

はんだというのは、鉛やスズなどの合金で、**金属同士をつなげるために使用します。**そして、**はんだごて**は、その**はんだを加熱させて結合させたい部分に流し込むために使います。**こうした、**はんだを流して金属同士を結合させる作業をはんだ付けといいます。**

図12 はんだごてとはんだごて台

はんだ付けの手順

それでははんだ付けを行います。はんだ付けを行うにあたり、**事前にはんだごて台のスポンジを入れておきます。**これははんだごてに付いたはんだを取り除いて綺麗にするために使います。

では、はんだごての電源ケーブルをコンセントに挿す前に、はんだごてとはんだを使って、はんだ付けの練習をしてみましょう。はんだ付けは以下の手順で行います。

(1) はんだを流し込む部分をはんだごてで温める

はんだごてをはんだ付けさせたい金属部分に数秒あてます。こうして、はんだを流し込みたい部分を温めます。

図13 はんだごてで温める

(2) はんだを流し込む

はんだを金属の部分に当てます。すると、はんだがすぐに溶けはじめるので、はんだの量が多すぎず少なすぎないところではんだを外します。

図14 はんだを流し込む

(3) はんだが外れる

はんだが完全に外れたところで、はんだごてをそっと外します。

図15 はんだが外れる

手順としては以上の通りです。慣れないうちはまだ金属部分が温まっていないのにはんだを当てたり、はんだごてをはんだよりも先に外してしまうことがあります。電源を入れる前に上の手順を実際に試してみましょう。

●はんだ付けを行う際の注意点

はんだ付けるする部品、はんだ、はんだごて、はんだごて台が準備できたら、はんだごての電源をいれます。この際に、はんだごてのケーブルが引っかからないような位置に調整してください。

電源を入れて数分すると、はんだごてが温まってきます。**このとき、はんだごての金属部分は決して触らないようにしてください。**

また、はんだ付けの作業が終わった際には、必ず電源をケーブルを抜くようにします。**ケーブルを抜いたとしてもしばらくはんだごては熱いまま**なので、しばらく待って、熱がなくなってから片付けるようにしてください。

Memo はんだ付けに失敗したとき

はんだ付けで、はんだを多くのせすぎてしまった場合の対処法について説明します。はんだが多くのっている場合には「はんだ吸い取り線」という、はんだを取り除いてくれる道具を使いましょう。はんだを取り除く手順は以下の通りです。

(1) はんだを取り除きたい位置にはんだ吸い取り線を当てる
(2) その上からはんだごてを当て、押し付けるようにしてはんだをはんだ吸い取り線に付ける
(3) 数秒してはんだが吸い付いたら、はんだごてとはんだ吸い取り線を外す

押し当てている時間によって吸い取れるはんだの量が変わってきます。はんだを取り除いた後は、再度はんだをのせるなどして調整してください。

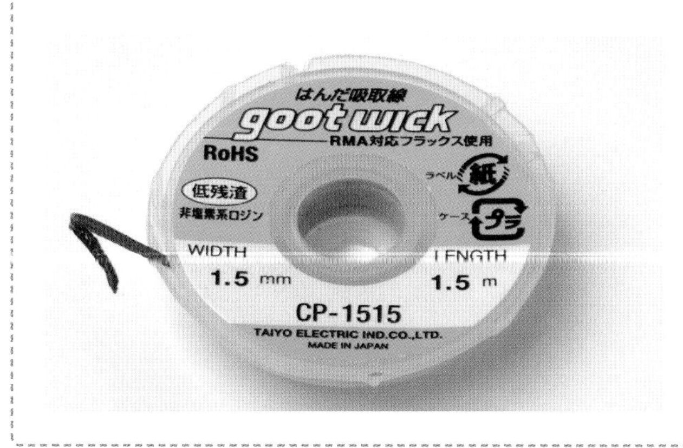

LCDモジュールをはんだ付けしよう

はんだ付けの方法を確認したところで、実際にはんだ付けをしてみましょう。

ここで使用する「I^2C接続小型LCDモジュール（8x2行）ピッチ変換キット」はパッケージを開けてみると、

- LCDモジュール
- ピッチ変換基盤
- ピンヘッダ

の3つの部品が入っています。この3つの部品をはんだ付けします。

ピンヘッダは高さがあるので、最後に取り付けます。まずは、LCDモジュールとピッチ変換基盤を**図17**のように取り付けます。LCDモジュールの裏側からはんだ付けを行っていきましょう。

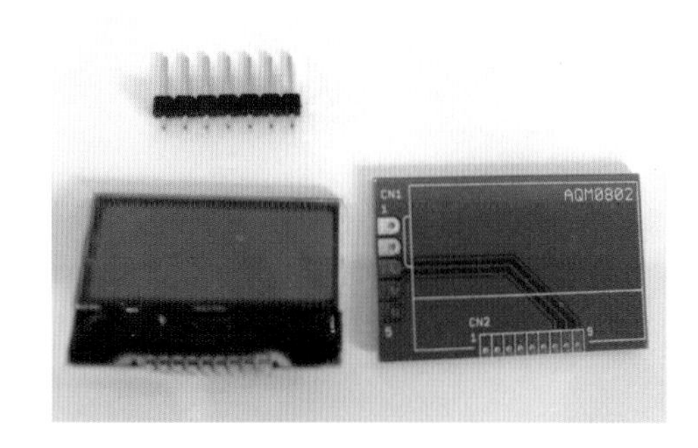

図16 ピンヘッダ（上）、LCDモジュール（左）、ピッチ変換基盤（右）

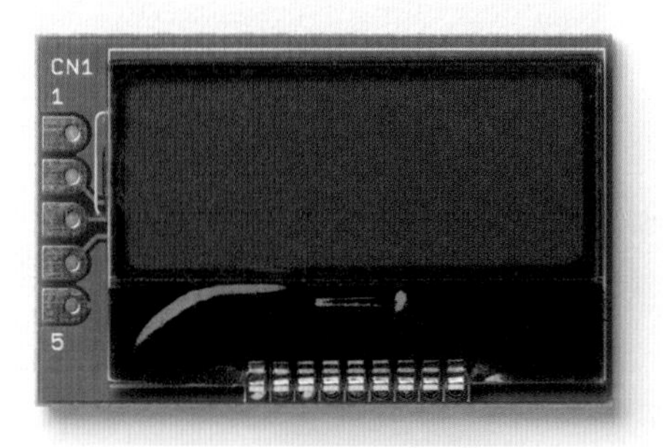

図17 はんだ付けしたLCDモジュールとピッチ変換基盤

LCDモジュールからは9つの線が出ています。利き手の反対側から順にはんだ付けを行いましょう。210ページで説明したはんだ付けの手順を確認して、1つずつはんだ付けしていきます（**図18**）。はんだ付けした後は出ている9つの線をニッパーでカットしてください。9つの線をはんだ付けした後は、右上に「PU」と書かれた箇所を2カ所ともはんだ付けします。

図18 LCDモジュールをはんだ付けしている様子

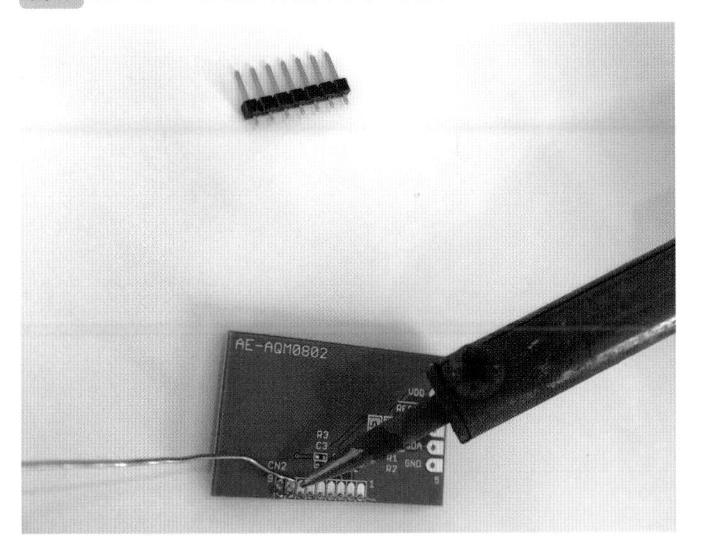

LCD モジュールとピッチ変換基盤の取り付けが終わったら、ピンヘッダを取り付けます。このピンヘッダは 7 本のピンが出ていますが、**ピッチ変換基盤に刺す必要があるのは 5 つのピンだけです。**不要なピンはニッパー等で**図 19** のようにカットしてください。

5 本のピンになったピンヘッダを、今度は LCD モジュールを表にした状態ではんだ付けして完成です（**図 20**）。

図19 5つになったピンヘッダ

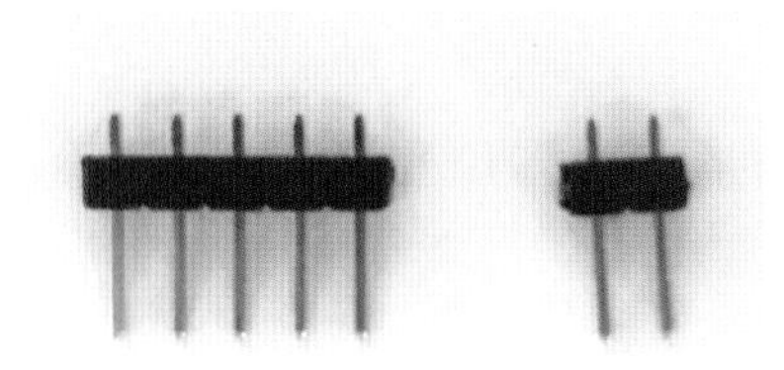

図20 はんだ付けが完了したLCDモジュール

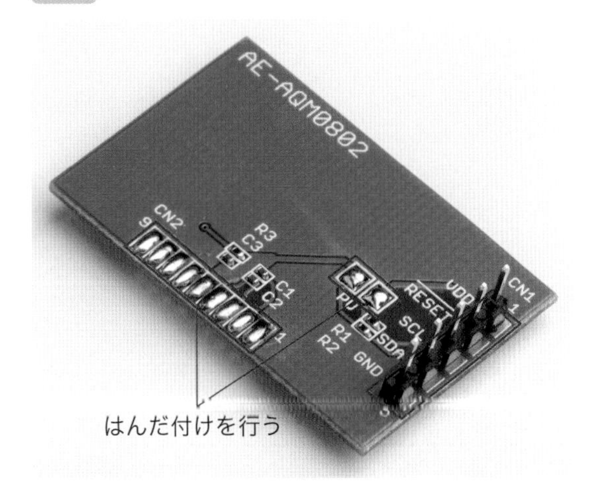

8-3

LCDモジュールで表情を表現しよう

はんだ付けしたLCDモジュールに表情を表示してみましょう。まずは、LCDモジュールを制御するためのライブラリのインストールを行い、それからスケッチを書いていきます。

LCDモジュールを制御するライブラリ

はんだ付けが完了したら、LCDモジュールを試してみましょう。**LCDモジュールの利用にはライブラリが必要**になるため、まずはArduino IDEからライブラリをインストールします。以下の手順でライブラリのインストールを行ってください。

Arduino IDEを立ち上げたら左に並ぶアイコンの<ライブラリマネージャー>をクリックします❶。

図21 <ライブラリマネージャー>をクリックする

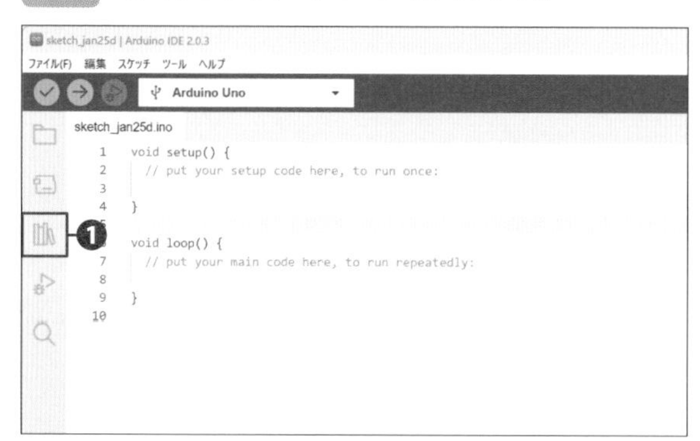

表示された<ライブラリマネージャー>画面で、<検索をフィルタ>の入力欄に「aqm0802a」と入力します❶。**図22**のように「Fabo 213 LCD mini AQM0802A」という項目が表示されるので、<インストール>をクリックします❷。

図22 <ライブラリマネージャー>画面

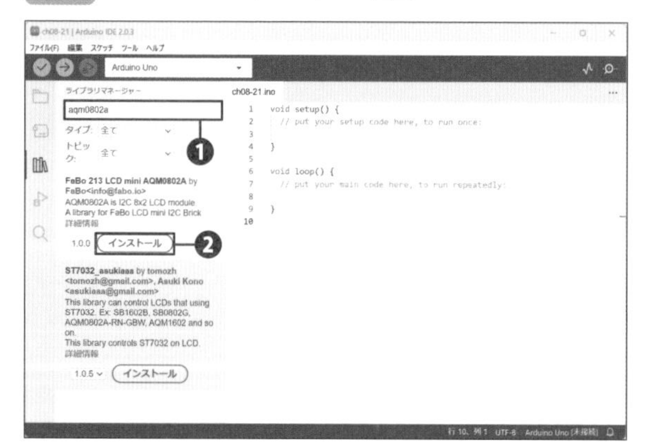

図23 のように「インストールに成功しました。」と表示されればインストールが完了です。再度<ライブラリマネージャー>のアイコンをクリックして<ライブラリマネージャー>画面を閉じてください❶。

図23　インストール完了

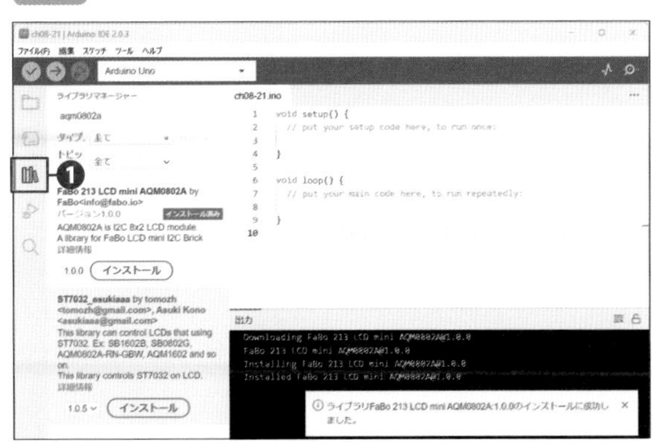

LCDモジュールを使った回路を作ろう

ライブラリのインストールが済んだので、続いて回路を組んでいきましょう。いきなりバギーとして組み立てず、まずはブレッドボードを使って、LCD モジュールの表示ができるか確認します。LCD モジュールを Arduino につないで使うにあたり、**I²C 通信**と呼ばれる通信規格を利用します。抵抗やその他の電子部品は必要ありません。

Memo　I²C 通信

I²C 通信とは 2 本の線で接続して通信を行うための規格です。これまでにもシリアル通信を Arduino と電子部品との間で行ってきましたが、それともまた異なる方法でデータのやり取りを行います。今回の場合は、Arduino から LCD 上に表示させたい情報を送り込むために、I²C 通信を行います。

LCD モジュールの基板をひっくり返して見てみると、ピンを取り付けた箇所配置が**図 24** のようになっています。

図24　LCDモジュールの裏側

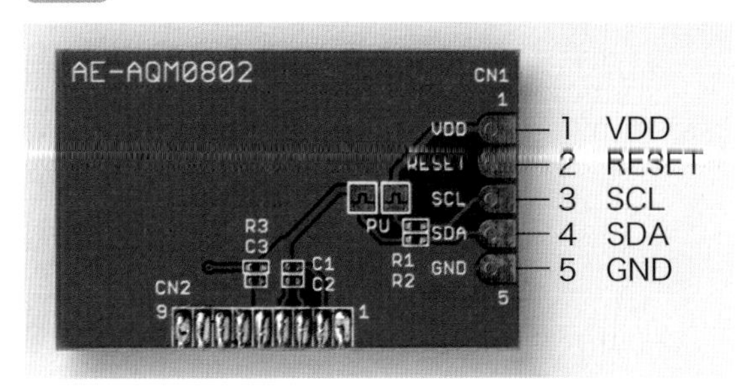

ここに取り付けた5つのピンのうち、＜ RESET ＞のピンを除く4つのピンを以下のようにブレッドボードに配線してください。

表2 LCDモジュールの接続方法

片方の接続箇所	対応する接続箇所
Arduino の＜ 3.3V ＞	LCD の＜ VDD ＞
Arduino の＜ A5 ＞	LCD の＜ SCL ＞
Arduino の＜ A4 ＞	LCD の＜ SDA ＞
Arduino の＜ GND ＞	LCD の＜ GND ＞

図25 LCDモジュールの接続図

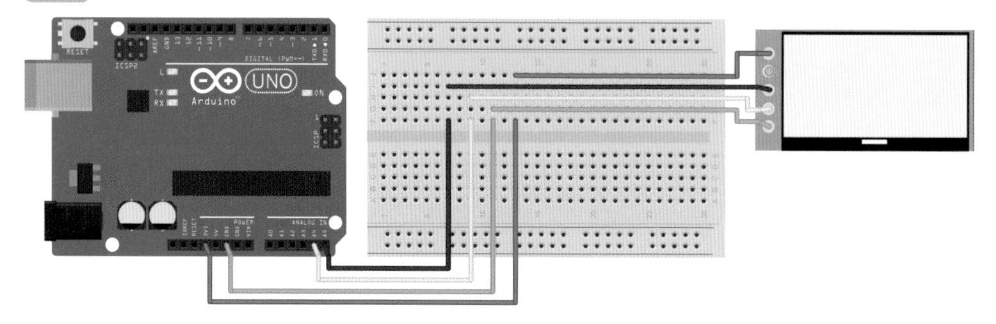

図26 LCDモジュールを接続した様子

表情を表示するスケッチを書こう

●LCDモジュールに文字を表示させる

それではスケッチを書いていきます。まずはLCDモジュールに文字を表示させる方法を試してみましょう。すでにライブラリをインストールしているので、そのライブラリを使って以下のように記述します。スケッチの作成が終わったらArduino IDEからArduinoに転送させてください。

リスト1 LCDモジュールに文字を表示させる

```
#include <FaBoLCDmini_AQM0802A.h> 1
FaBoLCDmini_AQM0802A lcd; 2

void setup() {
  lcd.begin(); 3
  lcd.setCursor(0, 0);     ┐4
  lcd.print("Hello!");     ┘
  lcd.setCursor(0, 1);     ┐5
  lcd.print("AQM0802A");   ┘
}

void loop() { 6
}
```

まず1で今回使用するライブラリの読み込みをしています。2ではそのライブラリが用意したクラス「FaBoLCDmini_AQM0802A」の変数lcdを用意しています。そして3で変数lcdの初期化を行い、LCDモジュールを制御するための準備をしています。

> **Memo　クラス**
>
> 特定の機能を1つにまとめて操作しやすくしたものを「クラス」といいます。
> 今回の例でいえば、「FaboLCDmini_AQM0802A」というクラスを使っていますが、このクラスはLCDモジュールを操作するための色々な命令を用意しています。クラス「FaboLCDmini_AQM0802A」を使って作った変数lcdは、そのクラス「FaboLCDmini_AQM0802A」の持つ機能を使ってLCDモジュールに関連する操作を行えるようにしています。

次の4 5の部分は、実際にLCDに文字を表示させている部分です。「**setCursor**」という関数と「**print**」という関数を変数lcdに対して呼び出しています。

「setCursor」は、**どの位置から文字を書き始めるのかを指定するのに使っています**。2つの引数を受け取るようになっていますが、1つ目が左端から右方向にどれだけ進めるか、2つ目が下方向にどれだけ進めるかを指定しています。基準はLCDの左上端つまり2行あるうちの上から1行目の一番左端で、具体的には以下のような対応になります（**図27**）。

setCursor(0, 0) → 1行目左から1文字目
setCursor(1, 0) → 1行目左から2文字目
setCursor(0, 1) → 2行目左から1文字目
setCursor(1, 1) → 2行目左から2文字目

図27 setCursorで文字の表示位置を指定する

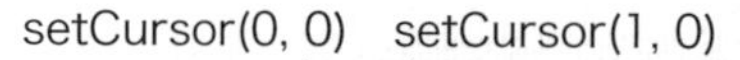

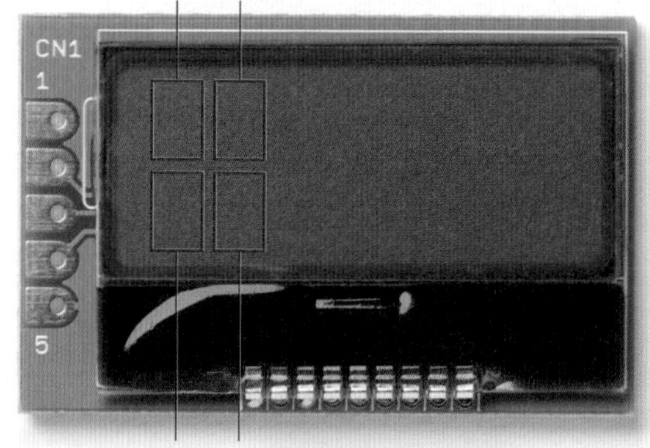

setCursor(0, 1)　setCursor(1, 1)

「print」は**実際に表示させる文字列を指定します。**したがって、setCursorとprintを組み合わせたことにより、**4**は1行目の左から1文字目を起点に「Hello!」と表示させることになります。同様に、**5**は2行目の左から1文字目を起点に「AQM0802A」を表示させます。上記のスケッチを転送させて、**図28**のように、

Hello!
AQM0802A

という文字列がLCD上に表示されれば成功です。

図28 LCDに文字が表示される

表情を表示する

次に、LCDモジュールに表情を表示させてみます。LCDモジュールに表示できる文字の種類は秋月電子通商さんがまとめたPDFファイルから確認できます（Memo参照）。

Memo　LCDモジュールに表示できる文字の一覧

右図の出典として記載しているURLを表示すると、LCDモジュールに表示できる文字の一覧が記載されたデータシートを閲覧・ダウンロードすることができます。

LCDモジュールに表示できる文字（出典：https://akizukidenshi.com/download/ds/xiamen/AQM0802.pdf）

CHARACTER PATTERNS

b7-b4 / b3-b0	0000	0001	0010	0011	0100	0101	0110	0111	1000	1001	1010	1011	1100	1101	1110	1111
0000	CG RAM	M̄		0	@	P	`	p	Ç	É		ー	タ	ミ	á	˙
0001	CG RAM	†	!	1	A	Q	a	q	ü	æ	。	ア	チ	ム	í	¨
0010	CG RAM	§	"	2	B	R	b	r	é	Æ	「	イ	ツ	メ	ó	˚
0011	CG RAM	¶	#	3	C	S	c	s	â	ô	」	ウ	テ	モ	ú	ˋ
0100	CG RAM	Γ	‡	4	D	T	d	t	ä	ö	、	エ	ト	ヤ	¢	´
0101	CG RAM	Δ	%	5	E	U	e	u	à	ò	・	オ	ナ	ユ	£	½
0110	↓	Θ	&	6	F	V	f	v	å	û	ヲ	カ	ニ	ヨ	¥	¼
0111	→	Λ	'	7	G	W	g	w	ç	ù	ァ	キ	ヌ	ラ	₧	×
1000	←	Ξ	(	8	H	X	h	x	ê	ÿ	ィ	ク	ネ	リ	ƒ	÷
1001	Γ	Π	)	9	I	Y	i	y	ë	Ö	ゥ	ケ	ノ	ル	¡	≦
1010	┐	Σ	*	:	J	Z	j	z	è	Ü	ェ	コ	ハ	レ	Ä	≧
1011	L	ϒ	+	;	K	[	k	{	ï	Å	ォ	サ	ヒ	ロ	ã	※
1100	┘	Φ	,	<	L	¥	l	|	ì	Ñ	ャ	シ	フ	ワ	õ	≫
1101	▪	Ψ	-	=	M	]	m	}	í	ã	ュ	ス	ヘ	ン	õ	≠
1110	Θ	Ω	.	>	N	^	n	→	Ä	Ö	ョ	セ	ホ	゛	Ø	√
1111	Θ	α	/	?	O	_	o	←	Å	¿	ッ	ソ	マ	゜	ø	‾

これらの文字を使って、LCD モジュールの 2 行の領域に表情を表示していきます。英数字や記号などを使って、目をパチパチさせてみましょう。

リスト 2 LCDモジュールに表情を表示する

```
#include <FaBoLCDmini_AQM0802A.h>
FaBoLCDmini_AQM0802A lcd;

void lcdWrite(int x, int y, char c) {   ─┐
  lcd.setCursor(x, y);                    │ 1
  lcd.print(c);                           │
}                                        ─┘

void setup() {
  lcd.begin();
}

void loop() {
  lcd.clear(); 2
  lcdWrite(2, 0, 'o'); ─┐
  lcdWrite(5, 0, 'o');  │
  lcdWrite(3, 1, '-');  │ 3
  lcdWrite(4, 1, '-');  │
  delay(1000);         ─┘
  lcd.clear();
  lcdWrite(2, 0, '-');
  lcdWrite(5, 0, '-');
  lcdWrite(3, 1, '-');
  lcdWrite(4, 1, '-');
  delay(1000);
}
```

さきほどのスケッチと比べると長くはなっていますが、やっていることはそんなに複雑ではありません。

まず **1** で関数を 1 つ定義しています。**リスト 1** のスケッチで説明したように、変数 lcd は、setCursor 関数と print 関数の 2 つを使って、文字を書く位置とそこに表示させる内容を送ることができます。setCursor 関数と print 関数の組み合わせはセットで頻繁に使用するため、この組み合わせを関数として用意します。

具体的には、**新たに lcdWrite という名前の関数を作り、この関数の中で、setCursor 関数と、print 関数を実行するようにしています。** lcdWrite 関数は引数として表示したい位置と文字を一度に受け取って、その位置に指定した文字を出す役割をする関数となっています。この lcdWrite 関数を実行すると、関数の中で setCursor 関数と、print 関数を一度に実行してくれます。

Memo　lcdWrite 関数の引数

ここで用意した lcdWrite 関数の引数は以下のようになっています。

lcdWrite(< 左から何文字目か指定 >, < 上から何行目か指定 > ,< 表示したい文字 >)

第一引数と第二引数が setCursor 関数、第三引数が print 関数の役割を果たしていると考えてください。

2 は初めて出てきますが、**今まで LCD に表示していた内容を文字通りクリアする命令です。**ここで一度 LCD モジュールに表示している内容をすべて消してから、**3** で LCD に文字を書いて表情を作っています。途中 delay 関数で 1 秒止めて、表情が見えるように待機しています。

3 が終わると、loop 関数の後半では **3** と同じような処理を繰り返します。LCD の内容を一度クリアして **3** とは異なる表情を再度表示、1 秒止めるという一連の流れを記述しています。

このスケッチによって、1 秒ごとに**図 29・30** のような表示を繰り返すスケッチを書くことができました。

図29・30　LCDに文字が表示される

8-4

バギーを組み立てよう

バギー工作基本セットを組み立てて、Arduino 用プロトタイピングボードを組み合わせます。これから行う作業の準備を終わらせましょう。

バギーにプロトタイピングボードを組み合わせよう

LCD モジュールに表情をつけることができたので、ここからはしゃべらせることと、動かすことを実現します。

その前に、まずは土台となるバギーと Arduino 用プロトタイピングボードの準備を進めていきましょう。ここからの作業は、バギー工作基本セットと Arduino 用プロトタイピングボードを組み合わせて、その上に電子部品を載せていくほうがスムーズに進みます。

Arduino の上に Arduino 用プロトタイピングボードを重ねておいてください。

説明書に従ってバギー工作基本セットを組み立てて、バギーに乾電池を２本電池パックに入れた状態にします。乾電池の上にグルーガンからグルーを出して、Arduino の下の部分を固定させます。その際に、後輪を手前に見た状態でバギー後方のスイッチを右側に倒してください。これにより、スイッチにある４つのピンのうち、上が乾電池の＋につながり、下のピンが乾電池の－につながります。

バギー付属のモーターには２つの接点がありますが、バギーに固定した状態で上が＋、下が－になります。あらかじめ、乾電池の＋とモーターの＋をつないでおいてください。また、乾電池と

図31 Arduinoに重ねたプロトタイピングボード

図32 バギーにプロトタイピングボードを固定させる

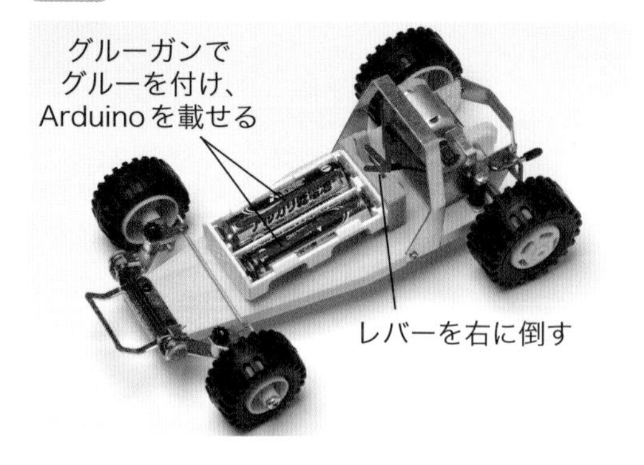

モーターは後ほどArduinoの基板にも接続するので、長めのジャンパーワイヤーかバギーセット付属の線をつないでおいてください。

Arduinoをバギー工作セットに固定させたら、LCDモジュールとLCDモジュール用のブレッドボードもグルーガンでプロトタイピングボードに固定します。先にミニブレッドボードに対してLCDモジュールを差し込んで取り付けた後で、ミニブレッドボードをプロトタイピングボードにグルーガンで固定させます（**図33**）。LCDモジュールに表示された表情が見えるような位置で固定されるように、**図1**（202ページ）の完成図も参考に作業を行ってください。

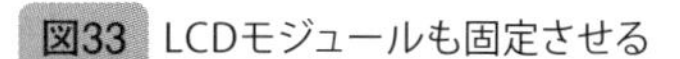
図33 LCDモジュールも固定させる

バギーの回路を作ろう

バギーとしての工作の部分はこれで完了しました。あとは一気にモーターを制御するMOSFET、先ほど利用したLCDモジュール、そして音声合成するATP3011F4-PUを取り付けていきます。MOSFETはショットキーダイオードと、ATP3011F4-PUは圧電スピーカー（SPT08）と一緒に使用するので、これらも用意してください。

なお、ATP3011F4-PUには左右14対、合計28本のピンがあります。今回使うのは＜RXD＞、＜TXD＞、＜VCC＞、＜GND＞、＜AOUT＞の5本のみです。この5本の場所だけ確認しておいてください（**図34**）。

図34 ATP3011F4-PU

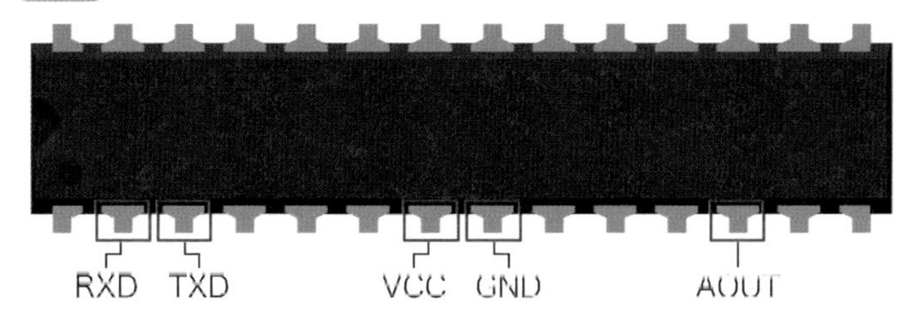

配線としては以下の通りです。今回は部品が多いので、表はMOSFET、LCDモジュール、ATP3011F4-PUそれぞれ分けて記載しています。まとめるとどうなるかは**図39**を参照してください。

表3 MOSFET周りの接続方法

片方の接続箇所	対応する接続箇所
MOSFET のゲート	Arduino の＜ 6 ＞ピン
MOSFET のドレイン	モーターのー
MOSFET のドレイン	ショットキーダイオードの線が入っていない方
MOSFET のソース	プロトタイピングボードの＜ GND ＞
プロトタイピングボードの＜ GND ＞	乾電池のー
モーターの＋	ショットキーダイオードの線が入っている方
モーターの＋	乾電池の＋

図35 MOSFET周りの接続図

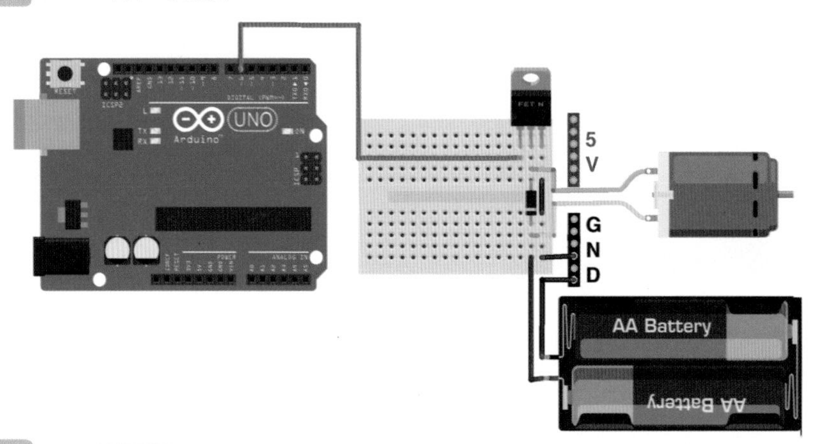

図36 MOSFET接続時

表4 LCDモジュール周りの追加

片方の接続箇所	対応する接続箇所
LCD モジュールの＜ VDD ＞	Arduino の＜ 3.3V ＞
LCD モジュールの＜ SCL ＞	Arduino の＜ A5 ＞
LCD モジュールの＜ SDA ＞	Arduino の＜ A4 ＞
LCD モジュールの＜ GND ＞	Arduino の＜ GND ＞

図37 LCDモジュール周りの接続図

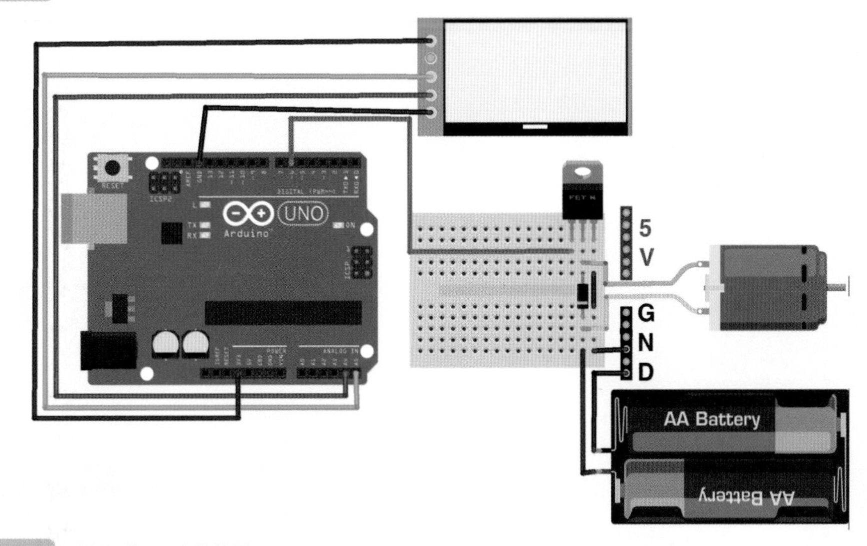

図38 LCDモジュール接続時

次ページへ

表5 ATP3011F4-PU周りの追加

片方の接続箇所	対応する接続箇所
ATP3011F4-PU の＜ RXD ＞	Arduino の＜ 2 ＞ピン
ATP3011F4-PU の＜ TXD ＞	Arduino の＜ 3 ＞ピン
ATP3011F4-PU の＜ VCC ＞	Arduino の＜ 5V ＞
ATP3011F4-PU の＜ GND ＞	プロトタイピングボードの＜ GND ＞
ATP3011F4-PU の＜ AOUT ＞	SPT08 の＋
SPT08 のー	プロトタイピングボードの＜ GND ＞

図39 ATP3011F4-PU周りの接続図

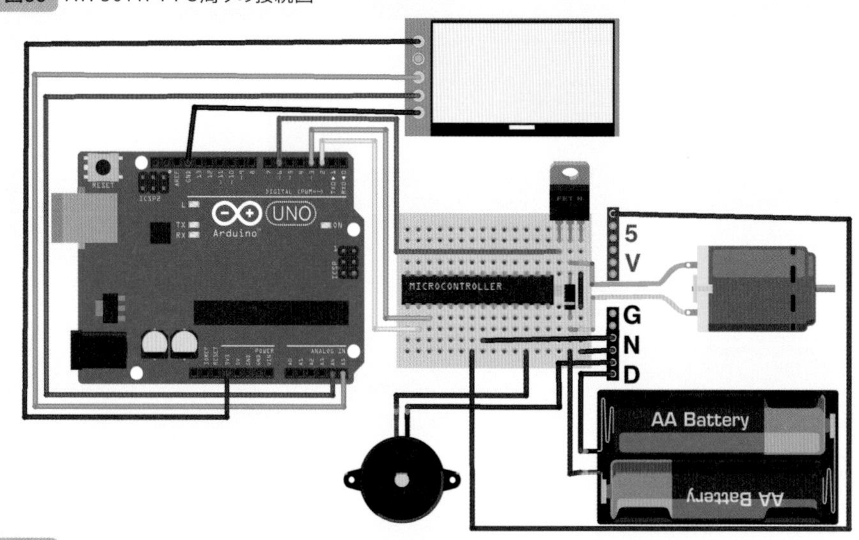

図40 基板完成時

> **Memo** シールドにジャンパーワイヤーを差し込む
>
> ここではArduinoには上からシールドが覆い被さっているので、直接Arduinoにジャンパーワイヤーを差し込むことはできず、シールドのピンソケットに差し込むことになります。シールドを横から見ると、どのソケットがどのArduinoのピンソケットに対応しているかわかるので、これを参考にジャンパーワイヤーを差し込みましょう。
>
> 
>
> シールドのピンソケットを横から見た様子（上がシールド、下がArduino）

図41 バギーとつながった様子

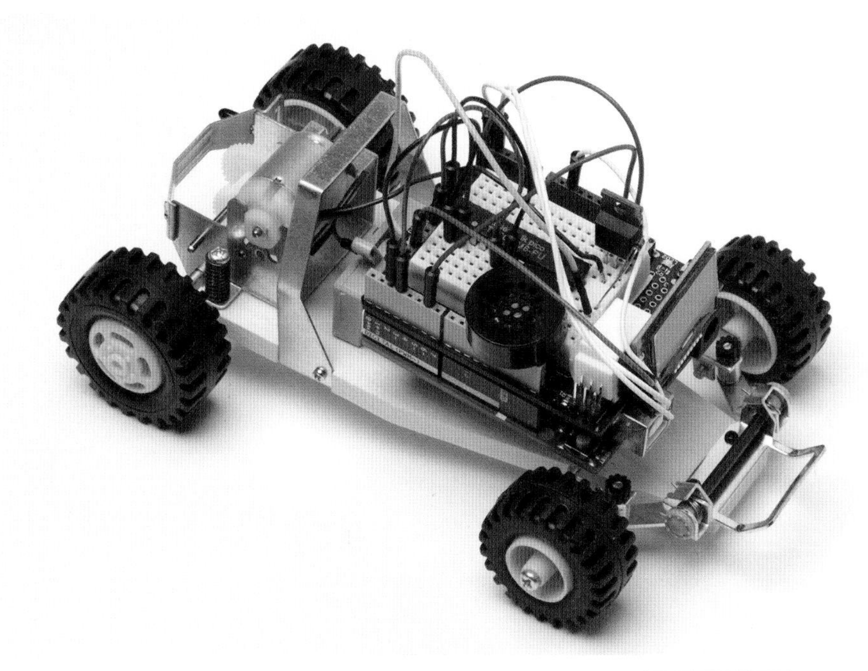

> **Memo**
>
> **MOSFETのピンの名称**
>
> MOSFETのピンにはそれぞれゲート、ドレイン、ソースという名称が付いています。詳しくは141ページを参照してください。

8-5

音声と動きを付けてみよう

配線が完了したところでATP3011F4-PUを使ってバギーをしゃべらせます。スケッチにしゃべらせたい言葉を書いてみましょう。また、モーターを制御して動かすことも試してみます。

音声合成の仕組み

一気に配線が終わったので、今度はバギーの声である**ATP3011F4-PU**を使って、しゃべるスケッチを書いていきましょう。

ArduinoとATP3011F4-PUはシリアル通信を行います。ArduinoからATP3011F4-PUに対して音声合成としてしゃべらせたいことばを伝えます。そうすると、その音声を出すための電気信号がATP3011F4-PUから出るようになります。**図42**のようなイメージで、シリアル通信を使い「konnichiwa」とATP3011F4-PUに送ると、スピーカーを通じて「こんにちは」と発話してくれます。

図42 ATP3011F4-PUでしゃべらせるイメージ

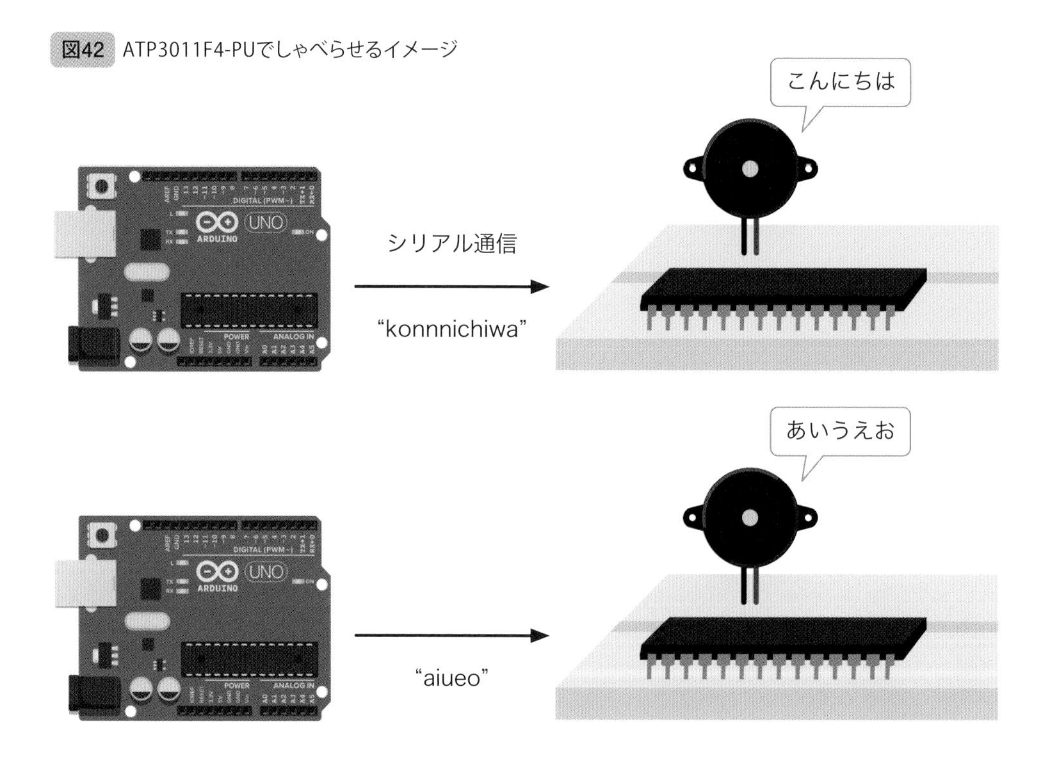

合成した音声にしゃべらせるスケッチを書こう

ATP3011F4-PU用に、Arduinoの＜2＞ピンと＜3＞ピンがつながっています。この＜2＞ピンと＜3＞ピンを使って、ATP3011F4-PUとシリアル通信を行います。

実際に、ATP3011F4-PUとシリアル通信を行うスケッチを書いて、早速試してみましょう。

リスト3 ATP3011F4-PUをしゃべらせる

```
#include <SoftwareSerial.h>

SoftwareSerial atp(3,2); 1

void setup() {
  atp.begin(9600); 2
  atp.print("?"); 3
  atp.println("aiueo"); 4
}

void loop() {
}
```

シリアル通信を行なうための変数atpを**1**で用意し、ATP3011F4-PUとの通信用に使います。**2**ではシリアル通信のスピードを9600bpsに設定しています。**ATP3011F4-PUの仕様としては、bpsが2400から76800の間に対応しているようです。**

Memo

bps

「ビット・パー・セカンド（bit per second）」の略。通信の速度を表します。シリアル通信を行う場合はあらかじめ速度を決めてやり取りを行います。

また、**ATP3011F4-PUの仕様として「?」を送信する必要があります。**ですので、**3**でそのように処理しています。

そして、**4**で**実際にしゃべらせたい言葉をローマ字で渡します。**この場合は、「aiueo」、つまり「あいうえお」と発声されるようにしています。

このスケッチをArdunoに送り込み、「あいうえお」と声がするか試してください。「あいうえお」と聞こえない場合はスケッチや配線に間違いがないか確認してください。

なお、**しゃべる言葉を変えるには、4 の部分を修正します。**例えば、「こんにちは」としゃべらせるには、以下のように修正します。

```
atp.println("konnnichiwa");
```

渡している引数が「konnnichiha」ではないのは、書き言葉と話し言葉が異なるためです。「こんにちは」と聞こえるようにするためには「こんにちわ」と発声してもらう必要があり、そのために「konnnichiwa」という文字列を引数として渡しています。

モーターを動かすスケッチを書こう

今度はバギーの足となるモーターを動かすスケッチを書きましょう。今回の場合、モーターを制御するためのMOSFETはArudinoの＜6＞ピンにつながっています。バギーを走らせたい場合は、**＜6＞ピンに対してアナログ出力を行うようにします。**

なぜアナログ出力かというと、**デジタル出力にしてしまうとモーターの回転が速くなりすぎる**からです。モーターの回転が速すぎるとバギーの速度も速くなるため、アナログ出力によって速度を調整して走らせます。

図43 デジタル出力とアナログ出力の違い

デジタル出力だと

全力のスピードで
モーターが回転してしまう

アナログ出力だと

モーターの回転スピードを
調整できる

それでは実際に以下のスケッチを書いてArduinoに転送してください。その際に、バギーが走り出してしまうので、様子を見るためにバギーを手に持って試したほうがよいでしょう。

リスト4 バギーを走らせる

```
void setup() {
  pinMode(6, OUTPUT);

  analogWrite(6, 150); 1
  delay(500);
  analogWrite(6, 0);
}

void loop() {
}
```

loop関数の中ではなにもやらず、起動時に0.5秒だけアナログ出力によって前に進みます。

速度の調整は、1 のanaLogWrite関数の第二引数の値を変えることで可能になっています。速度が遅い場合には、この値を増やして調整してみてください。0から最大255までの値を入れることができます（Chapter 4参照）。

8-6

表情と動きを組み合わせよう

ここまで3つの電子部品の制御を行いました。仕上げに、それらをまとめて制御するスケッチを完成させましょう。

3つのスケッチを1つにまとめよう

ここまでで、LCDによる表情、音声合成によるしゃべる機能、モーターによるバギーの前進をそれぞれ実現させました。最後に、一連の機能を組み合わせた動作を試します。

動作としては、はじめに表情を出して、0.5秒間前に進みます。そして、「こんにちは」としゃべり、その後は3秒ごとに瞬きをします。スケッチは以下の通りです。

リスト5 3つの機能をまとめたスケッチ

```
#include <FaBoLCDmini_AQM0802A.h>
#include <SoftwareSerial.h>

FaBoLCDmini_AQM0802A lcd;
SoftwareSerial atp(3,2); //rx , tx

void lcdWrite(int x, int y, char c) {
  lcd.setCursor(x, y);
  lcd.print(c);
}

void setup() {
  lcd.begin();
  pinMode(6, OUTPUT);

  atp.begin(9600);
  atp.print("?");

  lcd.clear();
  lcdWrite(2, 0, 'o');
  lcdWrite(5, 0, 'o');
  lcdWrite(3, 1, '-');
  lcdWrite(4, 1, '-');
```

1 2

```
  analogWrite(6, 100);
  delay(500);
  analogWrite(6, 0);

  atp.println("konnnichiwa");
}

void loop() {
  lcd.clear();
  lcdWrite(2, 0, 'o');
  lcdWrite(5, 0, 'o');
  lcdWrite(3, 1, '-');
  lcdWrite(4, 1, '-');
  delay(3000);
  lcd.clear();
  lcdWrite(2, 0, '-');
  lcdWrite(5, 0, '-');
  lcdWrite(3, 1, '-');
  lcdWrite(4, 1, '-');
  delay(200);
}
```

この Chapter でこれまでに登場した電子部品をすべて使った、総集編的なスケッチになっています。**1** では LCD モジュールに表情を表示させるスケッチ（**リスト 2**、220 ページ参照）と ATP3011F4-PU にしゃべらせるスケッチ（**リスト 3**、229 ページ参照）の冒頭に出てきた準備のための処理を一緒に行っています。

2 では最初のバギーの表情を作り、**3** でバギーを 0.5 秒間走らせています。そして、**4** で「こんにちは」としゃべらせています。loop 関数に入ると、**5** のコードによって LCD モジュール上で瞬きするような仕草を繰り返すようになります。

ここまでで表情を表現する、話す、走るという動きをまとめて実現できました。一見複雑そうに思えるかもしれませんが、個別の機能を組み合わせるだけで作ることができます。このスケッチをもとに、様々な動きをプログラムしてみてください。

図44 バギーのタイヤの回転

Step up

音でバギーを発進させよう

応用編では、バギーの前で手を叩くと走り出すような改造を加えたいと思います。音センサーを使うことで実現可能です。

アナログサウンドセンサーモジュールを組合わせよう

ここまでで、表情を付ける、話す、走るというバギーは完成しました。しかし、動かすためにその都度電源を入れる必要がありました。

そこで、**応用編では音センサーを使って、バギーの前で手を叩くと走り出すように改造したいと思います。**

使用するのは、**アナログサウンドセンサーモジュール**（DFR0034）です。**音の大きさを電圧で伝えることができます。** 5V で駆動するので Arduino で扱いやすく、バギーへの取り付けも 3 ピンだけすみます。今回のバギー工作の拡張にはうってつけです。

アナログサウンドセンサーモジュールには、コネクタとケーブルが付属しており、ケーブルは赤、青、黒のメス型ピンヘッダが出ています。

図45 アナログサウンドセンサーモジュール

アナログサウンドセンサーモジュールはバギーに取り付けてあるミニブレッドボードに追加するようにつなぎます。以下のように配線してください。すべての電子部品をまとめると、**図 46** のような配線になります。

表6　アナログサウンドセンサーモジュールの追加方法

片方の接続箇所	対応する接続箇所
アナログサウンドセンサーモジュールの赤ケーブル	プロトタイピングボードの＜ 5V ＞
アナログサウンドセンサーモジュールの青ケーブル	Arduino の＜ A0 ＞
アナログサウンドセンサーモジュールの黒ケーブル	プロトタイピングボードの＜ GND ＞

図46　アナログサウンドセンサーモジュールの接続図

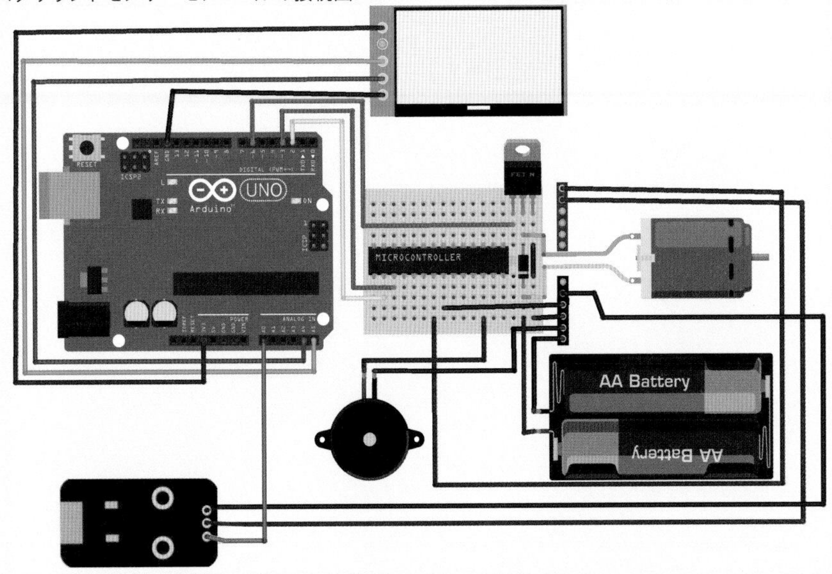

Arduino の＜ A0 ＞ピンにつなぎ、これまで扱ってきた analogRead 関数を使ってどれくらいの音の大きさなのかを検知します。

また、バギーにどのようにつなげるかですが、**図 47** のようにモーターの上の位置にある金属の上にグルーガンを使い接着させるとうまく安定させることができます。

図47　アナログサウンドセンサーモジュールの固定方法

音に反応するスケッチを書こう

それではスケッチを書いていきましょう。大きな音に反応して走り出すようにしたいので、走り出す前のスケッチは**リスト5**から変更しません。loop関数のところだけ以下のように修正します。

リスト6 音に反応して走り出すように修正したスケッチ

```
void loop() {
  int sound = analogRead(0); 1

  if (sound > 300) { 2
      analogWrite(6, 255); ┐
      delay(2000);         │ 3
      analogWrite(6, 0);   ┘
    }
  }
}
```

1 でアナログサウンドセンサーモジュールからの電圧のアナログの値を読み取り、変数soundに代入させています。そして、2 でその値が300を超えたかどうかをチェックしています。状況によりますが、バギーの前で手を叩くと300程度の値が返っていたので、ここでは300をしきい値としました。

そして300を超えた場合に、3 の部分でモーターを動かし2秒間走るようにしています。

スケッチをArduinoに転送して、実際に大きな音をさせて試してみましょう。手を叩いたりすると動き出すはずです。2 の音のしきい値を変えたり、走る秒数を変えたりして色々と試してみてください。

図48 音に反応するバギー

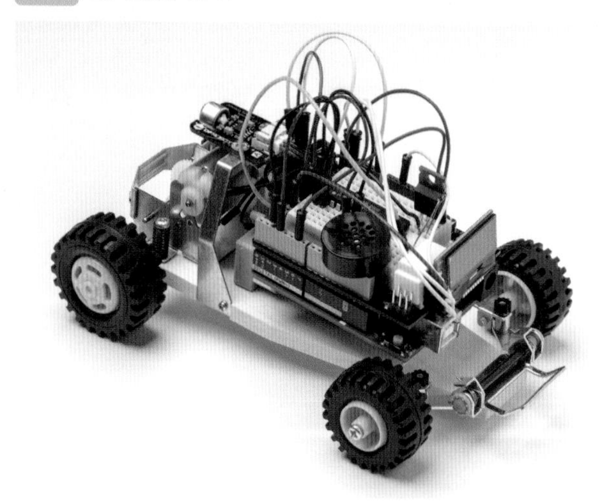

Appendix

Arduino Nanoを使ってみよう

Appendix 1

Arduino Nanoを使ってみよう

本書内では、Arduino Uno を使った電子工作を行ってきましたが、ここではArduino Nano を紹介してその使い方を解説します。

Uno以外のArduinoを使おう

Arduinoには複数の種類が存在します（21ページ参照）。本書の解説は、Arduino Unoを使って行ってきましたが、電子工作自体はUno以外のArduinoでも行えます。ここではUno以外の例として、Arduino Nanoの使い方を解説します。

図1 Arduino Nano

●Arduino Nanoとは

Arduino Nanoとは、いくつもあるArduinoの種類のうちの1つです。Arduino Unoと同じマイコン「ATmega328」が搭載されていて、かつ**Unoよりも小型**になっています。

大きさ以外の構造はUnoと共通する部分が多く、**動作電圧はArduino Unoと同じく5V**で、**GPIOのピンの数もUnoと同じく14本**です。

また、Arduinoシリーズの1つなので、これまでArduino Unoに対してArduino IDEからスケッチを送り込んできた方法と同じようにスケッチを送り込むことができます。スケッチの内容を変える必要もありません。Arduinoで電子工作を行いたいが、Unoだと大きいのでより小型化したいというニーズがあるときにはNanoを使うのが便利です。ただし、**UnoとNanoではArduino IDEの設定に多少違いがある**ことだけは注意しましょう（その設定の方法は後ほど紹介します）。

図2 Arduino UnoとNano

一方で、大きさ以外にもUnoと異なる点がいくつかあります。USBポートの形状はUnoと違いmini USB Bタイプです（UnoはUSB Type B）。

また、NanoはUnoより小型であるだけでなく、**ブレッドボードにそのまま刺して使うことができます。**

図3 USBポートの形状の違い

●Arduino NanoのGPIOの構成

Arudino NanoのGPIOのピンの数はArduino Unoと同じく14本で、その役割も同じです。ただし、ピンの配置には少し違いがあります。

図4 Arduino NanoのGPIOのピンの並び

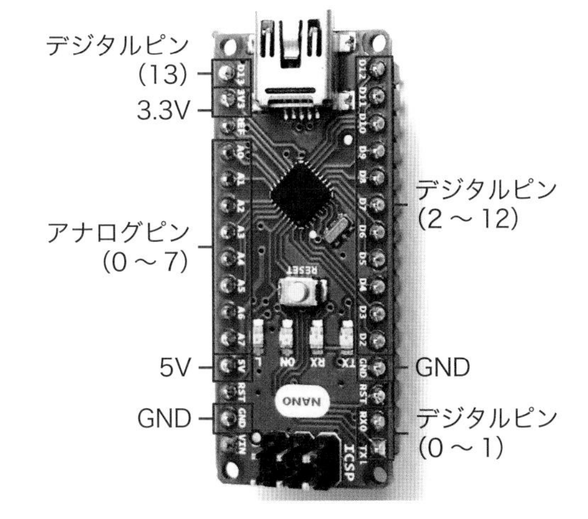

Memo 他のArduinoの特徴

ここで、UnoとNano以外のArduinoのシリーズについてもまとめてみます。本付録ではArduino Nanoについて扱いますが、オリジナルのArduinoブランドには他にLeonard、Micro、Dueがあります。また、これら以外にも様々な会社が開発している互換機も出ています（22ページ参照）。

1. Arduino Leonardo

- Arduino Unoの廉価版
- マイコン「ATmega32U4」を搭載
- GPIOのピンの数は20本
- USBポートの形状はmicro USB B

2. Arduino Micro

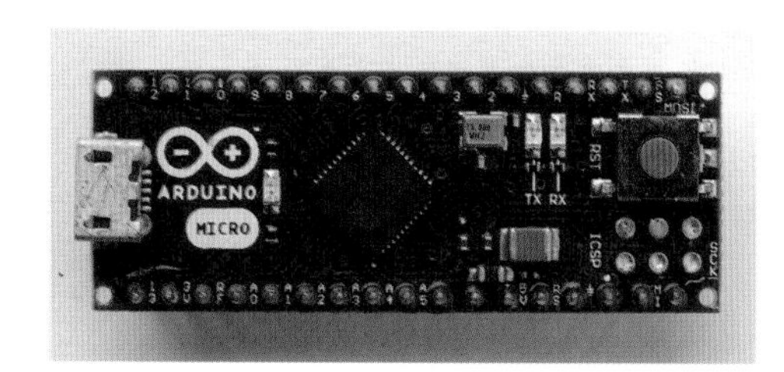

- Arduino Leonardoの小型版
- 搭載されているマイコンはLeonardoと同じ「ATmega32u4」
- サイズはArduino Nanoと同じくらい
- GPIOのピンの数は20本
- USBポートの形状はmicro USB B

3. Arduino Due

- 高性能なAtmel SAM3X8Eを搭載
- GPIOのピンの数は54本
- 動作電圧が他のArduinoと違い3.3Vとなっているため、扱いに注意が必要
- USBポートが2つある（カメラなどの他のデバイスとやり取りすることを想定）

Arduino Nanoで数字を表示しよう

このChapterでは、まず本書の基本編に該当する内容をArduino Nanoでおさらいしてみます。最初にLチカを行い、Arduino NanoにArduino IDEからスケッチを書き込む方法を解説します。その後、GPIOの使い方の確認として、CdSセル（Chapter 4参照）とLEDランプを組み合わせてアナログ入力・アナログ出力を行います。

また、最後はこのChapterオリジナルの作例として、数字を表現できる**7セグメントLED**という電子部品をArduino Nanoから操作したいと思います。

図5　7セグメントLED

Appendix 2

Arduino Nanoにスケッチを書き込もう

Arudino Nanoで L チカを行います。簡単なスケッチを送り込みながら、Arudino IDE を Arduino Nano 用に設定する方法を確認します。

Arduino NanoでLチカを行おう

まずは簡単なスケッチを Arduino Nano に転送してみましょう。具体的には、Chapter 2 で Arduino Uno を使って行ったことと同じく、抵抗入り LED ランプを点滅させるスケッチを書いてみます。

ここで使用する電子部品は以下の通りです。Chapter 2 同様、抵抗入り LED ランプを使いますが、Arduino Uno と違いブレッドボードが必要になる点に注意してください。Arduino Nano には、片側からそれぞれ 15 本ずつのピンが出ています。15 本以上刺さるなら、どの大きさのブレッドボードを使っても構いません。

部品が用意できたら、ブレッドボードに Arduino Nano と抵抗入り LED ランプを刺します。

Arduino Nano には＜ D2 ＞ピンと＜ GND ＞の 2 つのピンが隣り合っているところがあります。基盤上でその箇所を確認し、LED ランプのアノード（線の長いほう）を＜ D2 ＞に刺し、カソード（線の短いほう）を＜ GND ＞に刺してください。

表1 使用する電子部品

部品名	個数
抵抗入り LED ランプ	1 個
ブレッドボード	1 個

表2 Arduino Nanoの接続方法

片方の接続箇所	対応する接続箇所
Arduino Nano の＜ D2 ＞ピン	抵抗入り LED ランプのアノード
Arduino Nano の＜ GND ＞ピン	抵抗入り LED ランプのカソード

図6 Arduino Nanoの接続図

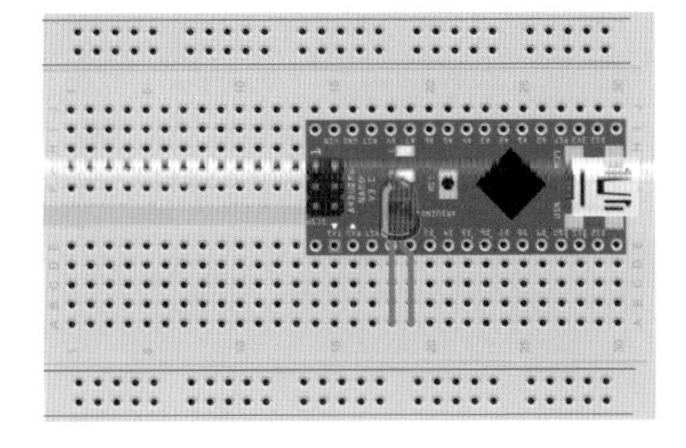

Appendix

＜ D2 ＞ピンというのは、GPIO の 2 番目のデジタルピンのことです。このピンに対して電圧を出したり出さなかったりして LED ランプの点灯をコントロールします。

図7 Arduino Nanoをブレッドボードに刺した様子

Arduino IDEから書き込もう

●Lチカのスケッチ

では、LED ランプを 1 秒おきに点滅させるスケッチを書きましょう。

Arduino IDE を立ち上げて、以下のスケッチを記述します。

リスト1 Arduino NanoでLチカする

```
void setup() {
  pinMode(2, OUTPUT); 1
}

void loop() {
  digitalWrite(2, HIGH);
  delay(1000);
  digitalWrite(2, LOW);
  delay(1000);
}
```

1 では Arduino Uno の場合と同じように、pinMode 関数で GPIO の＜ D2 ＞ピンを出力用に設定しています。第一引数では「2」としか指定されていませんが、＜ D2 ＞ピンを指定できます。こうして、digitalWrite 関数で GPIO の＜ D2 ＞ピンから電気を出す、出さないを繰り返すようにしています。

●Arduino IDEの設定

スケッチ自体は、Arduino UnoでLチカを行う場合とほとんど変わっていないのですが、Arduino IDEからスケッチを転送するときにはボードの設定を行う必要があります。設定がUnoとNanoでは異なるので注意しましょう。

1. 書き込むボードがArduino Nanoになるので、ボードの設定を行います。Arduino IDE上で＜ツール＞❶→＜ボード＞❷→＜Arduino AVR Boards＞を選ぶと❸、図8のように選択肢が表示されます。その中から＜Arduino Nano＞を選びます❹。

図8　＜Arduino Nano＞を選択する

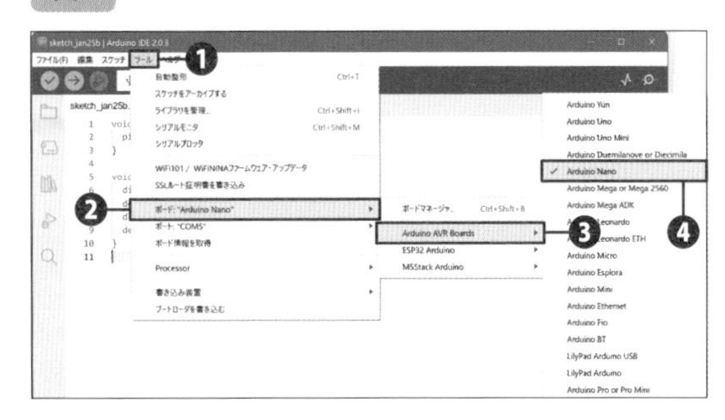

2. 次にプロセッサを確認します。Arduino Nanoは2018年1月から売られているバージョンと、それより前のもので必要な設定が異なります。**2018年1月以降に売られているものであれば設定は必要ありません。**そうでない場合は、Arduino IDEの＜ツール＞❶→＜Processer＞を選び❷、＜ATmega 328P（Old Bootloader）＞を選択します❸。

図9　プロセッサを選択する

3. Arduino Unoのときと同じく、ポートを選択します。あらかじめArduino NanoをUSBケーブルでパソコンとつないだ上で、Arduino IDEから＜ツール＞❶→＜ポート＞を選択して❷、Arduino Nanoがつながれているポートを選びます❸。

図10　ポートの設定をする

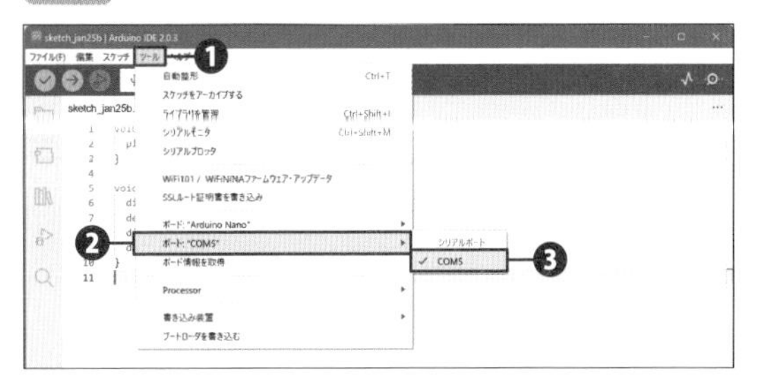

Appendix

最後にスケッチを転送します。＜マイコンボードに書き込む＞のアイコンをクリックして、Arduino Nanoにスケッチを転送してください。成功すると、LEDランプが点滅しはじめます。

書き込む先をArduino Nanoに切り替えているので、再度Arduino Unoに書き込みを行う場合には、ボード設定をし直す必要があります。その場合、33ページの手順を参考に、Arduino IDEのボードを「Arduino Uno」に切り替えるように注意してください。

図11 Lチカに成功する

Appendix 3

GPIOを操作しよう

Arudino Nano の GPIO を操作して、L チカ以上のことを行います。ここでは Chapter 4 と同じようにセンサーと LED ランプを組み合わせて、アナログ入力をしてみます。

センサーをArduino Nanoにつなげよう

●明るさセンサーをArduino Nanoに接続する

Arduino Uno と同じように、GPIO が操作できることを試してみたいと思います。例として、Chapter 4 で作った明るさセンサーと LED ランプを組み合わせた回路を組んでみましょう。明るさセンサーが読み取った値によって LED ランプが明るくなったり暗くなったりする装置の Arduio Nano 版です。

使用するのは以下の電子部品です。

表3 使用する電子部品

部品名	個数
明るさセンサー（CdS セル）	1 個
抵抗（1k Ω）	1 個
抵抗入り LED ランプ	1 個

明るさセンサーを使った LED ランプの仕組みをおさらいしましょう。CdS セルに手をかざすなどして明るさを変化させると、CdS セルが Arduino に送る電圧もそれに応じて変化します。そして、analogRead 関数で電圧の変化を読み取って、その値をもとに LED ランプの明るさを変化させます。

まずは、ブレッドボードに対して以下のように配線してください。

表4 明るさセンサーとLEDランプの接続方法

片方の接続箇所	対応する接続箇所
Arduino Nano の＜ D2 ＞ピン	抵抗入り LED のアノード
Arduino Nano の＜ GND ＞	抵抗入り LED のカソード
Arduino Nano の＜ 5V ＞	CdS セルの片方の足
CdS セルのもう片方の足	抵抗の片方の足
Arduino Nano の＜ A0 ＞ピン	CdS セルと抵抗がつながっている線
Arduino Nano の＜ GND ＞	抵抗のもう片方の足

図12 CdSセルの接続図

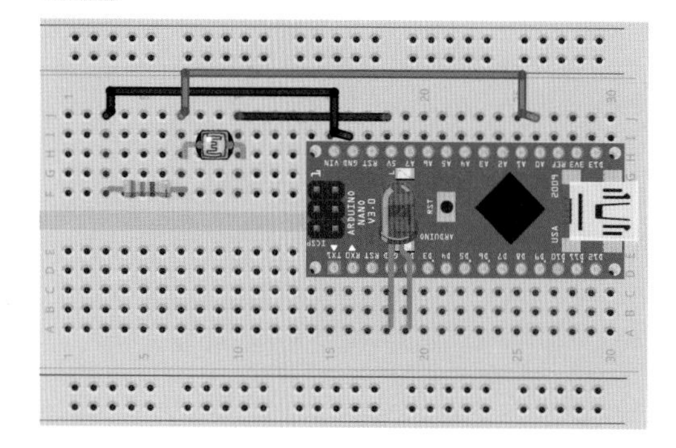

図13 CdSセルをArduino Nanoに接続した様子

アナログ入力のスケッチを書こう

●明るさを読み取るスケッチを書く

次にスケッチを書きましょう。まずはシリアル通信を使い、明るさセンサーが明るさを検知しているか確認します。ここではArduino Nanoの＜ A0 ＞ピンにつないだ値を読み取ります。

リスト2 明るさを読み取る

```
void setup() {
  Serial.begin(115200);
}

void loop() {
  int val = analogRead(0);
  Serial.println(val);
  delay(100);
}
```

シリアルモニタを使って、analogRead関数の値を表示させ、手でCdSセルをかざしたり、明るい場所に移動したりして、どのように値が変化するかチェックしてください。

●LEDランプの明るさを変化させる

次にLEDランプを組み合わせてみます。CdSセルをが読み取った明るさをanalogRead関数が受け取ります。そして、その値をもとにLEDランプの明るさをdigitalWrite関数でHIGHにするかLOWにするか分けています。

リスト3 LEDランプの明るさを変化させる

```
void setup() {
  Serial.begin(115200);
  pinMode(2, OUTPUT);
}

void loop() {
  int val = analogRead(0);
  Serial.println(val);
  if (val > 300) { 1
    digitalWrite(2, LOW); 2
  } else {
    digitalWrite(2, HIGH); 3
  }
  delay(100);
}
```

ここでは、1でanalogRead関数が読み取った値が300を超えているかどうかを判断しています。300を超えていれば2でLEDを消灯させて、300以下であれば3で点灯させています。

つまり、周りが暗ければLEDランプを点灯させ、周りが明るければLEDランプを消灯させるスケッチになっています。

このように、Arduino Unoのときと同じようなGPIOの操作も可能です。さらに、ブレッドボードに収まるサイズになっているので、小型化させたいときにArduino Nanoが便利なのがわかっていただけたかと思います。

Appendix 4

7セグメントLEDを利用しよう

Arudino Nanoを使って、数字を表示しましょう。数字の表示には「7セグメントLED」と呼ばれる電子部品を使います。

7セグメントLEDで数字を表示しよう

Arudino Nanoの使い方をざっと確認したところで、本格的な作例にも挑戦しましょう。ここでは、7セグメントLED［OSL10561-LRA］をArduino Nanoから操作して、数字を表示してみます。

「**7セグメントLED**」とはLEDの一種です（67ページで少し出てきました）。**図14**のように、7セグメントLEDにはA、B、C、D、E、F、GとDPの**合計8つのLEDが割り振られています。**

図14 7セグメントLEDの仕組み

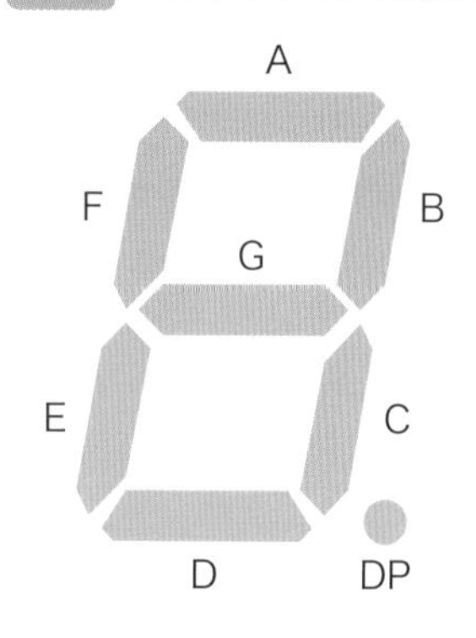

Memo

7セグメントLEDを購入する

7セグメントLED［OSL10561-LRA］は下記のWebサイトから購入することができます。

・秋月電子通商
https://akizukidenshi.com/catalog/g/gI-04115/

7セグメントLEDの仕組み

7セグメントLEDで数字を表示するにはどうしたらいいのでしょうか。LED一つ一つにアルファベットが割り振られているので、例えば0を表現させる場合は**図15**のようにA、B、C、D、E、Fに該当するLEDを点灯させます。

また、7セグメントLEDの裏側には10本のピンが出ていて、ブレッドボードに直接刺すことができます。**図16**のように、左下から＜1＞ピンが始まり、反時計回りに配置されています。このピンの番号とAからGまでおよびDPに該当する各LEDは、内部で**表5**のように配線されています。

図15　7セグメントLEDで0を表示する

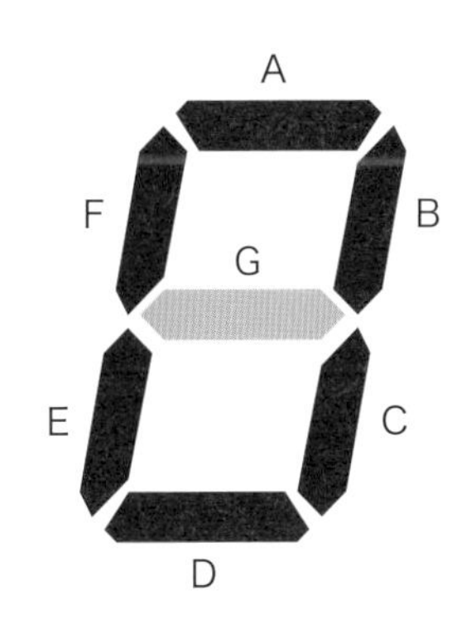

図16　7セグメントLEDのピン配置

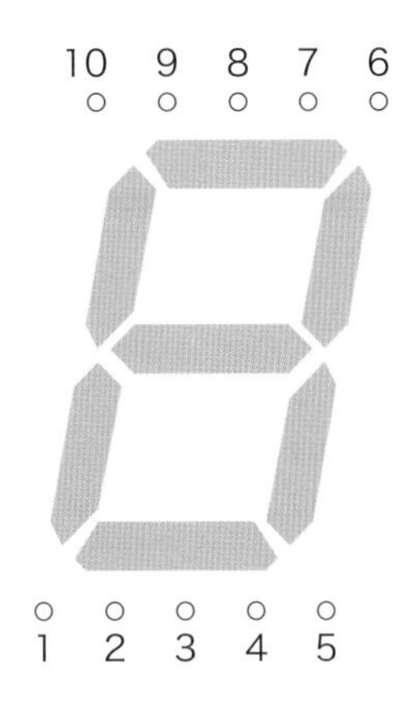

表5　7セグメントLEDの配線

ピン番号	配線先
1	E
2	D
3	GND
4	C
5	DP
6	B
7	A
8	GND
9	F
10	G

例えば、AのLEDを点灯させたければ、7番ピンに対してdigaitalWrite関数で電圧をかけた状態（スケッチではdigiatalWrite(7, HIGH)）とします。逆に、Aの線を消灯させたければ電圧をかけない状態（スケッチではdigitalWrite(7, LOW)）にします。また、**3番ピンか8番ピンはGNDにつなぎます。**

今回は、AからGまでのLEDの点灯を制御するので、1、2、4、6、7、9、10ピンから電気を流し、3番ピンか8番ピンをGNDに接続するような回路を組みます。

7セグメントLEDの回路を作ろう

仕組みがわかったところで、7セグメントLEDを使った回路を作ります。7セグメントLEDの中はLEDが入っているので、これまでLEDランプに電気を流す際に抵抗が必要だったように、抵抗を回路に挟む必要があります。そのため、少々複雑になりますが**図17**を参考に、Arduino Nanoと7セグメントLEDの各ピンを、抵抗とジャンパワイヤーを使って配線していきましょう。

表6のような配線になるようArduino NanoのGPIOピンと、7セグメントLEDのピンをつないでください。7つの抵抗を使いますが、抵抗値が220Ωか330Ωのものを使うようにしてください。

表6 7セグメントLEDの配線

片方の接続箇所	対応する接続箇所
Arduino Nano の＜ D1 ＞ピン	抵抗を経由して 7 セグメント LED の＜ 1 ＞ピン
Arduino Nano の＜ D2 ＞ピン	抵抗を経由して 7 セグメント LED の＜ 2 ＞ピン
Arduino Nano の＜ D4 ＞ピン	抵抗を経由して 7 セグメント LED の＜ 4 ＞ピン
Arduino Nano の＜ D6 ＞ピン	抵抗を経由して 7 セグメント LED の＜ 6 ＞ピン
Arduino Nano の＜ D7 ＞ピン	抵抗を経由して 7 セグメント LED の＜ 7 ＞ピン
Arduino Nano の＜ D9 ＞ピン	抵抗を経由して 7 セグメント LED の＜ 9 ＞ピン
Arduino Nano の＜ D10 ＞ピン	抵抗を経由して 7 セグメント LED の＜ 10 ＞ピン
Arduino Nano の＜ GND ＞	7 セグメント LED の＜ 3 ＞ピン

図17 7セグメントLEDを使った接続図

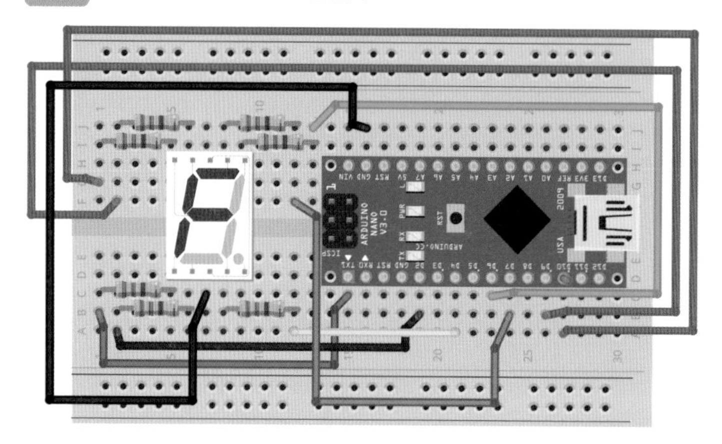

図18 7セグメントLEDを接続した様子

Appendix 5

数字を表示しよう

スケッチを作成し、7 セグメント LED で数字を表示します。digitalWrite 関数の HIGH と LOW を使いわけることで、好きな数字を自在に表示することができます。

7 セグメントLEDを点灯させるスケッチを書こう

●数字の 8 を表示しよう

以上で配線は終わりです。7 セグメント LED の 7 つの LED をすべて点灯させるスケッチを Arduino Nano に転送させて、正しく配線されているかチェックしましょう。

リスト 4 7セグメントLEDを点灯させる

```
void setup() {
  pinMode(1, OUTPUT);
  pinMode(2, OUTPUT);
  pinMode(4, OUTPUT);
  pinMode(6, OUTPUT);
  pinMode(7, OUTPUT);
  pinMode(9, OUTPUT);
  pinMode(10, OUTPUT);

  digitalWrite(1, HIGH);
  digitalWrite(2, HIGH);
  digitalWrite(4, HIGH);
  digitalWrite(6, HIGH);
  digitalWrite(7, HIGH);
  digitalWrite(8, HIGH);
  digitalWrite(9, HIGH);
  digitalWrite(10, HIGH);
}

void loop() {
}
```

7 セグメント LED のそれぞれの LED に該当するピンを pinMode 関数で出力用に設定して、digitalWrite 関数で実際に電気を流しています。このスケッチを転送したことによって 7 セグメント LED が光るか試してみてください。**図 19** のように数字の 8 が表示されたら成功です。

図19　数字の8が表示される

●数字を変えよう

　この**digitalWrite関数へのHIGH、LOWの組み合わせを使って、0から9までの数字を表現できます。**ただ、ピンとしては1番から9番のピンをつないでいて、LEDがArduino Nanoのどのピンと紐づくのかわかりにくくなっています。そこで、#define（74ページ参照）を使って以下のようにスケッチの先頭で準備しましょう。

リスト5　ピン番号とLEDの対応をわかりやすくする

```
#define A 7
#define B 6
#define C 4
#define D 2
#define E 1
#define F 9
#define G 10
```

　これで、数字の代わりに7セグメントLEDのアルファベットAからGで制御が可能になりました。これで、digitalWrite関数の第一引数にArduinoのピン番号を渡さず、代わりに7セグメントLEDに割り振られたアルファベットを渡せるようになりました。

　これを踏まえて、1と2を交互に表示するスケッチは以下の通りです。

リスト6　1と2を交互に表示する

```
#define A 7
#define B 6
#define C 4
#define D 2
#define E 1
#define F 9
#define G 10

void setup() {
  pinMode(A, OUTPUT);
  pinMode(B, OUTPUT);
  pinMode(C, OUTPUT);
  pinMode(D, OUTPUT);
  pinMode(E, OUTPUT);
  pinMode(F, OUTPUT);
  pinMode(G, OUTPUT);
}

void loop() {
  digitalWrite(A, LOW);   ┐
  digitalWrite(B, HIGH);  │
  digitalWrite(C, HIGH);  │
  digitalWrite(D, LOW);   │ 1
  digitalWrite(E, LOW);   │
  digitalWrite(F, LOW);   │
  digitalWrite(G, LOW);   ┘

  delay(1000);

  digitalWrite(A, HIGH);  ┐
  digitalWrite(B, HIGH);  │
  digitalWrite(C, LOW);   │
  digitalWrite(D, HIGH);  │ 2
  digitalWrite(E, HIGH);  │
  digitalWrite(F, LOW);   │
  digitalWrite(G, HIGH);  ┘

  delay(1000);
}
```

1の部分が、7セグメントLED上で1を表現し、2の部分が7セグメントLED上で2を表現しています。ここまでの内容を応用すれば、0から9までのすべての数字を表現できます。delay関数と組み合わせて、カウントダウンの表現を行う装置など、色々と応用したスケッチを書いてみてください。

索引

著者略歴

登尾 徳誠（のぼりお とくせい）

1980年鹿児島県生まれ。小学生のころからプログラミングを始め、2010年に埼玉県越谷レイクタウンにてニャンパス株式会社を起業。IoTデバイスや、スマートフォンアプリ、Webサービス開発を行う傍ら、コワーキングスペースHaLakeを運営、毎週小学生向けに電子工作やマインクラフトを題材にしたプログラミング教室開催。IoT、プログラミングの勉強会も精力的に開催している。著書に「はじめてのClojure」（工学社）。

■カバー・本文デザイン
坂本真一郎
■カバーイラスト
2g（ニグラム）
■写真撮影
蝦名悟・登尾徳誠
■DTP
株式会社マップス
■編集
石井智洋

■お問い合わせについて

本書の内容に関するご質問は、下記の宛先までFAXまたは書面にてお送りいただくか、弊社Webサイトの質問フォームよりお送りください。お電話によるご質問、および本書に記載されている内容以外のご質問には、一切お答えできません。あらかじめご了承ください。

〒162-0846 東京都新宿区市谷左内町21-13
株式会社　技術評論社　書籍編集部
「ゼロからよくわかる! Arduinoで電子工作入門ガイド 改訂2版」質問係
FAX：03-3513-6183
技術評論社Webサイト：
https://gihyo.jp/book/

なお、ご質問の際に記載いただいた個人情報は質問の返答以外の目的には使用いたしません。また、質問の返答後は速やかに削除させていただきます。

ゼロからよくわかる！ Arduino（アルドゥイーノ）で電子工作入門（でんしこうさくにゅうもん）ガイド 改訂（かいてい）2版（はん）

2018年12月26日　初　版　第1刷発行
2023年 4月28日　第2版　第1刷発行

著　者　登尾徳誠（のぼりお とくせい）
発行者　片岡巌
発行所　株式会社　技術評論社
東京都新宿区市谷左内町21-13
電話　03-3513-6150（販売促進部）
03-3513-6166（書籍編集部）
印刷／製本　株式会社加藤文明社

ISBN　978-4-297-13356-6　C3055
Printed In Japan